U0243118

新材料科普丛书

编辑委员会

指导单位

中国科学技术协会科学技术普及部

"十三五"国家重点出版物出版规划项目
前沿科学普及丛书

新材料科普丛书

走近前沿新材料 1

主　　编　韩雅芳　潘复生
副 主 编　唐　清　张增志
执行副主编　于相龙
编　　委（按姓氏笔画排序）
于　瀛　王　方　王　思　王　勇　王秀梅
王宏志　王荣明　王虹智　邓　涛　卢嘉驹
冯　琳　刘　静　刘丽宏　刘建国　闫薛卉
孙颖慧　芮志岩　李明珠　李冠星　李祥宇
杨　硕　杨杭生　杨淑慧　吴成铁　宋成轶
宋延林　张　勇　张加涛　张修铭　武　英
林心怡　赵新兵　侯成义　施孟超　徐佳乐
栾　添　唐见茂　梅永丰　梁芬芬

中国科学技术大学出版社

内容简介

我国高新技术产业发展面临的“卡脖子”问题，很多就卡在材料方面。新材料产业是制造强国的基础，是高新技术产业发展的基石和先导。为了普及材料知识，吸引青少年投身于材料研究，促使我国关键材料“卡脖子”问题尽快解决，中国材料研究学会特意组织了一批院士和顶级材料专家，甄选部分对我国发展至关重要的前沿新材料进行介绍。本书涵盖了20种最新的前沿新材料领域新名词，主要包括信息仿生材料、纳米材料、医用材料、能源材料。所选内容既有我国已经取得的一批革命性技术成果，也努力将国际前沿材料、先进材料优势的智力资源不断引入国内，助力推动我国材料研究和产业快速发展。每一种材料的科普内容独立成文，深入浅出地阐释了新材料的源起、范畴、定义和应用领域，并配有引人入胜的小故事和原创图片，让广大读者特别是中小学生更好地学习和了解前沿新材料。

图书在版编目(CIP)数据

走近前沿新材料．1/韩雅芳，潘复生主编．—合肥：中国科学技术大学出版社，2019.6(2024.1重印)

(前沿科技普及丛书・新材料科普丛书)

“十三五”国家重点出版物出版规划项目

ISBN 978-7-312-04726-8

Ⅰ.走…　Ⅱ.①韩…②潘…　Ⅲ.材料科学—普及读物　Ⅳ.TB3-49

中国版本图书馆CIP数据核字(2019)第112173号

出版　中国科学技术大学出版社
安徽省合肥市金寨路96号，230026
http://press.ustc.edu.cn
https://zgkxjsdxcbs.tmall.com

印刷　合肥市宏基印刷有限公司

发行　中国科学技术大学出版社

经销　全国新华书店

开本　710 mm×1000 mm　1/16

印张　10.25

字数　168千

版次　2019年6月第1版

印次　2024年1月第2次印刷

定价　52.00元

序

材料是人类文明的物质基础。历史教科书告诉我们，材料是人类物质文明发展划时代的里程碑标志。人类历史就是沿着石器时代、青铜器时代、铁器时代、合金时代、新材料时代……这样的沿革走过来的。可以说，人类社会的发展史，就是一部人类认识、开发、利用材料的历史。每一种重要材料的开发和应用，都把人类认识和支配自然的能力提高到一个新的水平。

材料改变未来，这不仅是人们的一种美好愿景，也是未来新材料发展的一种必然结果。人类的未来会变得如何美好？新材料到底能起到什么作用？让我们充满信心地期待。

材充环宇，料满天下。我们生活的这个世界，材料无处不在，大到数十米的导弹、火箭及飞机，甚至数百米的船舰结构部件，小到微纳米级的半导体集成电路芯片及元器件，飞驰而过的高速列车，新能源汽车动力电池、轻量化车身，平板电脑或液晶显示屏、5G手机、互联网、人工智能、机器人，住房、休闲、娱乐、运动场所，等等，都离不开材料。

进入21世纪，新材料迅猛发展，层出不穷，在国民经济和人们的生活中发挥着重要的作用，扮演着基础角色，因此新材料被列为六大新兴产业之一。

习近平总书记在2016年5月31日召开的“科技三会”上指出，科技创新、科学普及是实现创新发展的两翼，要把科学普及放在与科技创新同等重要的位置。没有全民科学素质的普遍提高，就难以建立起宏大的高素质创新大军，难以实现科技成果快速转化。希望广大科技工作者以提高全民科学素质为己任，把普及科学知识、弘扬科学精神、传播科学思想、倡导科学方法作为义不容辞的责任，在全社会推动形成讲科学、爱科学、学科学、用科学的良好氛围，使蕴藏在亿万人民中间的创新智慧充分释放、创新力量充分涌流。

中国材料研究学会一直高度重视材料领域的科学普及工作，作为全国材料领域一级学会之一，材料领域科学思想和科技知识的传播是我们义不容辞的责任。为完成社会和时代赋予我们的光荣使命，经过近两年的精心准备，我们确定编写一套“新材料科普丛书”，面向广大青少年，启发他们的认知，激发他们的志向，吸引更多年轻精英投身到新材料事业中来，开启未来新材料的新时代。同时也面向广大非材料科学领域的科技工作者、管理者和企业家，为他们提供有益的参考。

本套丛书的内容主要包括新能源材料、生物材料、节能环保材料、信息材料、航空航天材料等前沿领域的新知识。作者系来自我国长期在一线从事新材料科学研究、教育与产业化工作的优秀科学家、教育家和工程师。相信当您打开这套丛书，就会进入神奇的新材料世界。我们期待本套丛书对您有所启发，有所帮助。

材料让生活更美好，让我们共同迎接一个更加朝气蓬勃、充满活力的美好明天。

魏炳波

中国科学院院士

中国材料研究学会理事长

2019年6月

前　　言

本书是中国材料研究学会组织编写的首部关于新材料的科普丛书之一，内容重点突出当代新材料的最新发展与尖端前沿——前沿新材料。

为什么要选择前沿新材料？这是因为前沿新材料具有超传统优异性能或超常态特殊功能，正实现从基础到颠覆的跨越，它们对未来社会将产生颠覆性的巨大变革，关系到人类未来和社会中的每一个人。前沿新材料已成为全球关注的焦点，是未来最重要的技术之一。

材料是立国之本，强国之基。当今世界，发达国家在经济、产业、科技、创新、教育等方面均占优势，终其一点，就是有新材料在科研、产品和技术的开发及应用、产业化和市场推广等方面的强大支撑与条件保证。

中国材料研究学会是以推动我国新材料的学科发展、科技进步和产业发展为宗旨的全国一级学会，多年来响应国家号召，以提高全民科学素质为己任，把普及新材料知识、弘扬科学精神、传播科学思想看作社会和时代赋予我们的光荣使命。经过近两年的精心策划和努力，推出了“新材料科普丛书”的第一册——《走近前沿新材料(1)》。

我们希望通过这部新材料科普读物，能与广大学子和科技工作者共享材料王国那辉煌灿烂而又无比诱人的一片星空，同时也感受和认知材料知识的博大精深。小小芯片，含有数以亿计的微纳晶体管，不同芯片材料有什么本质不同？神奇的新型玻璃还可以救死扶伤；人工设计的超材料具有光的负折射率，人在自由空间的行走将变得来无影去无踪，而飞行器的雷达隐身将大幅提高突防能力；新能源材料将改变未来的能源结构，基于互联网的分布式能源将成为主流，使人们享受那无限的既环保又方便的清洁能源；人工智能、仿生、节能环保、生物医疗等材料将大幅提高人们的生活质量和健康水平。所有这一切，归结到一点，就是前沿新材料。为此，本书将引领读者走进新材料最新发展前沿、步入魅力无穷的前沿新材料世界。我们邀请了材料科研一线的知名科学家倾情撰稿，从信息智能仿生材料、纳米材料、医用材料一直到新能源和环境材料，演述每一种新材料的传奇色彩。本书通过20种不同种类的前沿新材料，生动而又通俗地介绍了材料科学的知识，使读者在神奇的材料王国中猎奇览胜，与科研一线的科学家们对话材料的发展和未来，期冀对科学知识普及和技术决策能有所帮助。

韩雅芳

国际材料研究学会联盟主席、中国材料研究学会秘书长

潘复生

中国工程院院士、中国材料研究学会副理事长

目　录

200岁的"热电少年"

——探秘热电材料的前世今生

王　方　赵新兵*

"少年"的诞生

200年前,在德国柏林的一间小实验室里,一位年过半百的德国人正在进行着物理实验。他就是泽贝克(T. J. Seebeck),一个"有钱、任性"的科学家。出生在贵族家庭的他,家庭富裕,从小接受了良好的教育,年纪轻轻便顺利从哥廷根大学拿到医学博士学位。但泽贝克的个人兴趣却在物理学领域,因此他"任性"地离开了医学领域,转向研究电与磁。正是在这个充满未知和挑战的新领域里,他发现了一种热电现象,由此衍生出的热电材料研究,直至今日也还是一片蓝海。

1821年,泽贝克第一次公开发表了他在做实验时的偶然发现:在一个铜线圈和金属铋条组成的闭合回路里(图1),要是用手指按住铋一端的铜线,放在铜线圈里的指南针会发生偏转,这意味着他的体温竟产生了不小的磁场!

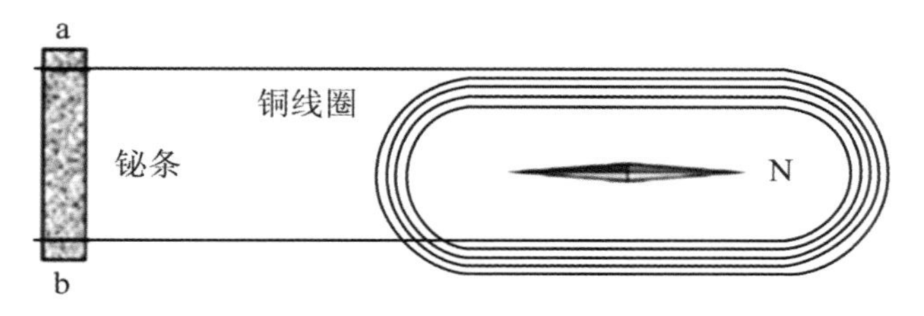

图1　泽贝克实验装置示意图

*　王方,浙江大学传媒与国际文化学院;赵新兵,浙江大学材料科学与工程学院,中国材料研究学会热电材料及应用分会。

这是为什么呢？泽贝克把它解释为一种“热磁现象”，因为他相信这是由他的体温和室温之间的温差导致的金属磁化。不过，泽贝克却无法解释这一现象：如果把金属铋条挪开，即在断开闭合回路、无法形成电流的情况下，不管材料的导热性有多好，指南针也不会发生偏转。经过与同行科学家的反复争论，泽贝克终于接受了“热电效应”的解释，承认是因为加热端与未加热端之间的温度差ΔT造成的电势差ΔV，让指南针发生了偏转。由于是泽贝克首先发现了这一现象，这种由于温差产生电势差的现象也被称为泽贝克效应(Seebeck Effect)。

泽贝克效应不仅局限在金属铋和铜上。事实上，泽贝克还用过锑、铜镍和方铅矿、黄铁矿、砷钴矿等矿物，甚至木头、纸张来代替铋条，进行相同的实验。他发现几乎所有具有一定导电能力的材料，当它们的两端存在温度差ΔT时，都会形成相应的电势差ΔV，但不同的材料，这种转换的能力不尽相同。在热电领域，科学家们习惯用温差电势系数或泽贝克系数α来描述这种能力。三者的关系为$\alpha=\Delta V/\Delta T$。

十几年后，一位同样喜欢做物理实验的法国钟表匠佩尔捷(J. C. A. Peltier)还发现了泽贝克效应的逆效应——佩尔捷效应。1834年，他将一根金属铋棒和一根金属锑棒的端部对接焊在一起，并在焊接处挖了一个小凹坑，放入少量水，然后用导线将铋棒和锑棒的另一个端部与一个电池连接起来。当通上电时，佩尔捷发现，小凹坑中的水居然结冰了！

图2　热电效应之父：泽贝克(左)和佩尔捷(右)

在日常生活中，电视、电脑要是开机太久便会发烫，这是电流通过导体产生欧姆热的缘故。但在佩尔捷的实验里，电流居然能制冷！这颠覆了当时人们的认知，引起了人们的关注和兴趣，佩尔捷也因此被邀请到法国王宫演示他的实验。因为泽贝克效应和佩尔捷效应都与热、电的相互转化相关，它们也被统称为热电效应。

“少年”的死党:“势利”的载流子

热电效应为什么能够发生?这要从导体开始说起。导体之所以能够导电,是因为导体里电子和空穴的运动。不论是带负电荷的电子,还是带正电荷的空穴,都是电荷的载体,因此都被称为“载流子”。金属之所以是导体,就是因为载流子可以在其中自由流动,从而在外加电场(电压)作用下形成电流。

热电效应,同样源于材料内部载流子的分布及其运动特性。当材料各部分的温度保持一致时,载流子的分布是均一的;而当材料两端存在温差时,热端附近的载流子便会像闹腾的小朋友一样,再也坐不住了,只想撒着欢儿跑向较冷的一端。这种载流子的运动会破坏材料内部原来的电场平衡,在材料两端产生电势差(形成内部电场)来阻止热端的载流子继续“跑”向冷端(图3)。这种温差导致电势差的现象就是泽贝克效应。

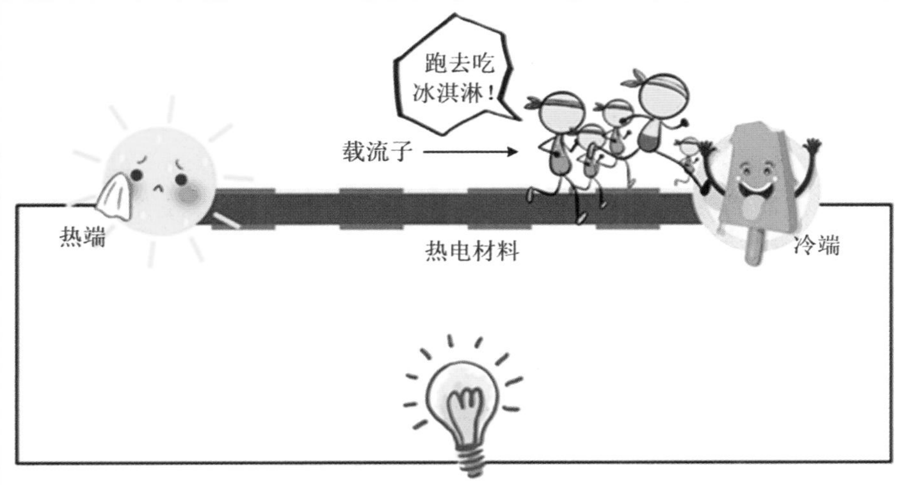

图3　泽贝克效应原理示意图

反过来,若是给材料外加电场,这一电场就会驱赶载流子从一端跑向另一端。但载流子那么“势利”,怎么会甘心就这样白跑一趟?它们会“携热潜逃”,导致材料出现“一头热、一头冷”的结果,这便是佩尔捷效应。施加的电压越大,由佩尔捷效应产生的一端吸热和另一端放热的速率也会越高(图4)。

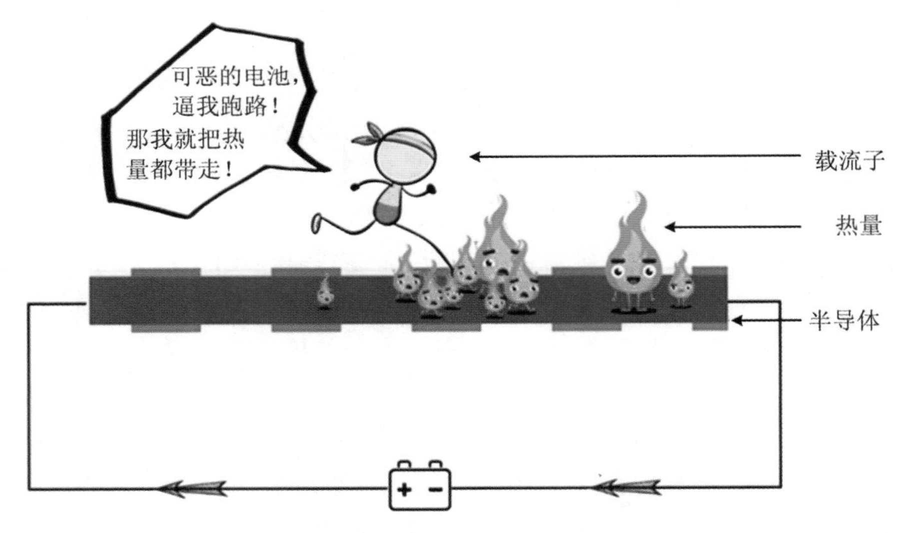

图4　佩尔捷效应原理示意图

可见，要想获得比较好的热电效应，载流子的数量是一个关键因素。金属等导体，其中的载流子非常多，只要一施加温差，载流子便会"屁颠屁颠"地跑向冷端，电压差虽产生了，但却是昙花一现，这些活泼的载流子一见电压差，又马上返回来实现平衡。所以，导体内部载流子太多，不容易建立大的电压差，热电效应也很弱。与导体恰恰相反，绝缘体中的载流子很少，导热和导电性能都很差，更不可能担当大任了。幸运的是，第二次世界大战之后，半导体材料逐渐崛起。半导体中的载流子数量适中，再加上独特的能带结构，既能够让内部的载流子运动起来，又不至于像金属里的载流子那样迅速回流达到新平衡，是最为理想的热电材料候选者。

不受待见的坎坷"童年"

泽贝克效应的发现使人们立即意识到温差可用于发电。电学领域著名科学家欧姆(Ohm)也许是第一个"吃螃蟹的人"。1827年，他进行了一项物理实验，试图借助电流之力，使悬挂的磁针发生偏转。在这一实验中，欧姆使用的电源就是一个最原始的温差发电器。该装置的热端用沸水加热(100摄氏度)，冷端用冰水冷却(0摄氏度)，从而可以获得一个恒定的输出电压。在19世纪20年代，这是最可靠的恒压直流电源。

可惜的是，在一百多年前人们关于热电效应的研究，只能围绕着最常见的导体——金属及合金展开。但要知道，金属的泽贝克系数很小，大多数金属的泽贝克系数仅在每开氏温度 10^{-5} 伏特数量级甚至更低，这也让温差发电和热电制冷两项技术不可能在实际生活中“大展身手”。关于热电效应的研究也因此搁置下来，停滞不前。

直到20世纪初，科学家们对热电材料才有了比较系统的认识——材料的泽贝克系数 α、电导率 σ、热导率 κ、所处的温度 T 会综合影响热电材料的性能。科学家将这几项指标总结为热电优值(ZT)：

$$ZT = (\alpha^2\sigma/\kappa)T$$

从公式中我们可以发现，理想的热电材料需要同时具有较高的泽贝克系数 α、较高的电导率 σ 和较低的热导率 κ。但问题在于，这几项指标往往是相互制约的，提高材料的泽贝克系数会同时降低电导率，而电导率高的材料，热导率往往也很高。如何解决这样的制约关系、有效提高热电材料的性能，也成了之后一个多世纪的研究方向。

“少年”的成长与烦恼

第二次世界大战后，随着半导体物理的发展，人们发现半导体材料的泽贝克系数比较大，竟能达到金属的10倍，甚至100倍，这匹黑马的出现无疑是热电材料里的第一次革命。20世纪五六十年代，碲化铋(Bi_2Te_3)、碲化铅(PbTe)、锗化硅(SiGe)等迄今都非常重要的半导体热电材料陆续被发现，热电领域不断实现着质的飞跃。

最值得一提的是热电材料中的骄子——碲化铋基材料。它作为最早被发现的具有半导体特性的化合物热电材料，尤其适用于室温的环境中。在半个多世纪以来，它也始终是商业化和工业化应用里的“王者”，目前90%以上的商业化热电材料都被碲化铋基合金所“承包”。

半导体材料的出现，使得热电材料得到了实际的应用。其中最著名的当属美国宇航局利用热电材料制造的温差发电装置(图5)。这种装置利用放射性同位素材料的衰变来产生热量，并通过热电材料将这种热能转化为电能，从而为航天器提供可靠和稳定的电力。为什么要采用这样的发电装置？太阳能发电不行吗？在木星及以外的远日空间以及月球的背阳表面，太阳光是非常微弱的，太阳能电池也因此失效了。在目前的科学技术条件下，放射性同位素温差发电装置是唯一的选择。自20世纪60年代以来，美国已在数十个远离太阳的航天器上使用过类似的温差发电装置。这类发电装置也被俄罗斯用于北冰洋沿海的导航灯塔。

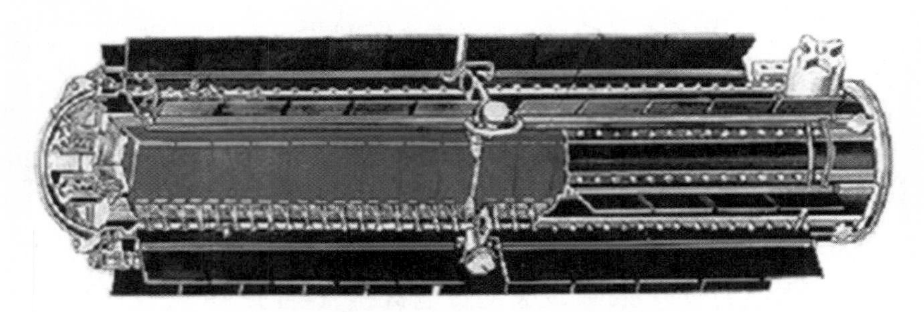

图5　放射性同位素温差发电装置示意图

半个多世纪以来，热电材料最主要的商业化应用是利用佩尔捷效应制造各种半导体制冷器件。这种制冷器件所占用的空间很小，并且无污染，能够很好地满足那些空间较小或者移动场合的需求。例如，我们生活中最常见的冰水饮水机、便携式冷藏箱、小型冷藏酒柜等（图6），都是用碲化铋(Bi_2Te_3)基半导体热电材料制造的。近年来，在高档汽车座椅局部冷却、无线通信中继站以及光纤接头和红外探测器的局部制冷系统等领域，半导体制冷器也有越来越多的应用。

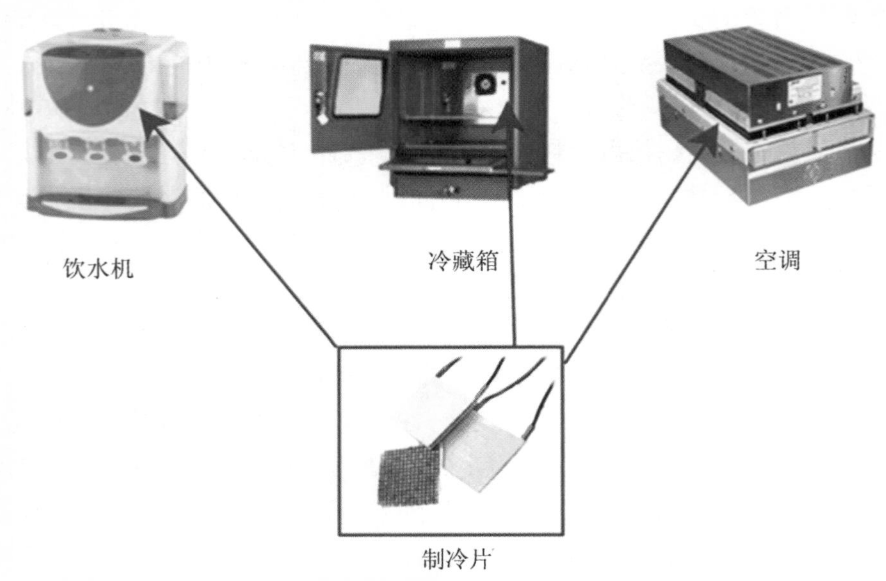

图6　半导体制冷器件的日常应用

用热电材料制造的温差发电器件或者固态制冷器件有着其他同类设备不可比拟的优越性——没有机械运动的零部件，因此在热能和电能的相互转换过程中不产生噪声，并具有无磨损、可靠性高、免维护、无污染等优点。另外，尺寸形状也可以根据需要进行灵活设计，所以可以制备从几个毫米尺寸的微型器件，到功率达到吉瓦级(10^9 瓦)的大型温差发电站。

但是，在半导体热电材料被开发应用以后的几十年间，热电材料的研究再次陷入僵局。因为热电材料的泽贝克系数、热导率和电导率之间的相互制约关系，不论怎么调整，热电材料的热电优值一直徘徊在1以下。这使得热电器件的能量转换效率较低，限制了热电材料的广泛应用。

我家有“儿”初长成

自20世纪末以来，在石化能源危机和环境污染的大背景下，随着人们对能源和环境问题的日益重视，包括热电材料在内的各种新能源材料研究受到了全世界的关注。一些特殊晶体结构新化合物和纳米复合技术的涌现也让热电材料研究产生了突破的新希望。

近二十多年来，热电材料的研究主要集中在三个方向：

其一，能带结构优化。如前所述，半导体的高泽贝克系数得益于半导体特殊的能带结构，如何进一步优化这一结构，使得在材料两端温差不变的条件下，让更多的载流子跑到冷端，获得更大的电压差，是科学家们最为关注的。

其二，缺陷工程。我们知道，材料之所以能够导电导热是载流子在起作用。其实，不只是载流子，“声子”也是热的载体之一。但声子又和载流子不同，它只导热，却不导电。要是我们能够在不影响载流子的前提下，限制声子的运动，岂不是可以在保证导电性的同时，降低导热性，从而在整体上提升热电优值吗？发现了声子的奥秘之后，科学家们尝试在材料中植入一些“障碍物”，如纳米颗粒，或是给材料“挖坑”，制造晶体缺陷，像这种“缺陷工程”能够有效地阻碍声子运动，对载流子的运动却影响不大。

其三，改造新材料。阻碍声子运动的手段不止缺陷工程一种，发现、改造新材料也是手段之一。例如，1928年在挪威小镇发现的自然矿物方钴矿便是一只潜力股。尽管它自身的热电性能不强，但它却像灯笼一样，内部存在着很大空间的孔洞，能够填充进多种原子。如果人为地在一部分空洞中填充其他原子，由此形成的不整齐的原子排列便会让声子的运动面临困难。

声子在材料中的运动，就好像在“梅花桩”上跑步。材料中的声子有不同的波长（相当于走路时的步长），不同波长的声子只能在相应间隔的梅花桩上走。缺陷工程相当于把梅花桩阵列弄得不整齐，例如：随机拆掉几个或者在两个梅花桩中间多插一个，或者使用高度不同的木桩排布成高低不一的梅花桩阵列。而对方钴矿结构化合物等新材料来说，它们的“梅花桩”本身就排得不太整齐，其中包括一些空缺的位置、高度不一的甚至“会移动”的梅花桩，等等。因此，在采用缺陷工程改造过的材料和一些特殊的新材料中，声子的运动受到极大的阻碍。这些材料的热导率也就比较低。

近年来，通过上述手段开发的新型热电材料的热电优值已达到1.5以上，实验室制备的个别材料甚至已超过2.0。这些新研制的高热电优值材料能够更有效地完成热能到电能的转化，也展现出了热电材料在节能减排领域的巨大应用潜力。

热电材料如何才能有进一步的发展？这个问题不仅是科学家们最关心的，它也与我们每一个普通人的生活密切相关。

为什么这么说？据统计，目前全社会直接消耗的能源中，实际只有40%左右真正被利用了起来，其余60%左右都转化为了热能，并最终作为余热和废热排放到空气当中，如钢铁厂、化工厂等工业作业环节，飞机、轮船、汽车的发动机废气，以及我们每个人家中都有的炉子、空调等。而这种看似没有用处的余热和废热恰恰是热电材料的重要能量来源。要是能把这些废热统统利用起来，还用发愁能源吗？

首先，“上天下海，无所不能”的热电材料，将成功给“高大上”的设备们减负。从月球探测器电源，到利用潜艇的余热发电，热电材料不仅能够给这些设备提供稳定的电力，还能够大大减轻原来必须携带的燃料负担，在节省耗电量的同时，还能减少排放，助力环保。以世界上最大的商用客机“空中客车A380”为例（图7），为了让机械师能够实时掌握飞机的状况，保证安全，A380机身上遍布各种传感器，要是把给这些传感器供电的电线拉直，总长度可以达到几百公里，维修非常不方便。倘若热电材料能够为这些传感器供电，岂不是又省力、又安全？

对我们日常生活来说，热电材料也不是遥不可及。电子手表的电源、物联网时代传感器的电源、5G通信时代的节点控温……这也都是热电材料温差发电技术的重要应用领域。对于地震、泥石流多发的地区来说，热电材料更是一根“救命稻草”。当地震、泥石流来临前，地下总是暗流涌动、温度骤升，此时若能检测到地下与地表之间的温差，并利用温差发电，让震动传感器、无线发射器工作起来，预警并尽快疏散居民，便能够在很大程度上避免伤亡和损失。

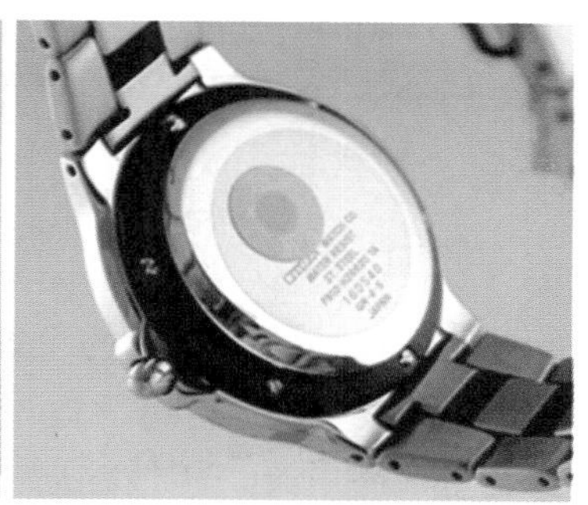

图7　A380飞机(左)和配置体温发电器的手表(右)

总的来说，热电材料正处于快速发展阶段，中国也已成为国际热电材料研究领域的重要力量。如今，热电材料问世也已近200周年，200岁的热电材料，就像是20岁的年轻人，尽管有着不少成长的烦恼，但前景可待，未来可期！

超材料

——真的能让你来无影去无踪吗?

于相龙*

当提到隐身,最先想到的可能是哈利·波特的斗篷。其实,在我国古代也有一种“神鬼莫测”的隐身道术,称为遁术。那是一种利用特殊技术进入各个纬度空间,并借助其他物质逃生的办法,比如用亮金属反射光线快速晃瞎人的眼睛,借此逃脱。说实在的,对比这些旁门左道的小伎俩,当今的前沿新材料完全不在话下,我们年轻的新一代追求的是四项全能超级完美隐身,真的可以来无影去无踪。这四项全能隐身就是你看不见、触摸不到、感觉不到呼吸气息、感觉不到温度。神奇的超级隐身能力会让人质疑“我存在还是不存在?”哈哈,有了这种完美隐身,就可以上天入地、天地任我行了。我们一起来看看怎么实现吧。

超　材　料

实现这四种非常牛的神奇功能,靠的是一种21世纪才开发出来的前沿新材料——超材料。什么是超材料?“超”者,“超常、另类”之谓也,这是超材料的英文metamaterial中的拉丁语词根“meta-”表示的意思。超材料具备天然材料所不具备的特殊性质,而且这些超常的特殊性质主要来自人工设计的特殊结构。因此,超材料就是具有人工设计的结构,并呈现出天然材料所不具备的超常物理性质的功能材料。

其实,超材料在物质成分上并没有什么特别之处,它们的超常特性源于其精密人工设计的几何结构以及尺寸大小,如果这些微结构的尺度小于它

* 于相龙,中国材料研究学会。

作用的波长，就可以对电磁波产生特定的响应，从而产生诸如负折射、隐身的效果。

好了，下面就让我们来认识一下这四种典型的超材料，即光学超材料、力学超材料、声学超材料和热学超材料，及其非常牛的隐身功能吧！

看不见——光学隐身

接下来的故事，涉及初中物理知识光的折射。当一束光通过空气与水的界面时会发生折射，如图1所示。在图1(a)中，当折射率等于1.3时，折射光会沿垂直方向向内靠拢；在图1(b)当折射率等于1时，光通过空气与通过水一样，没有变化，还是直线；在图1(c)中，当折射率等于-1.3时，这种光的折射现象在生活中可是非常难得一见的。这样操纵光跟隐身有关系吗？回答是肯定的！第一项隐身超能力“看不见”就是操纵光线。

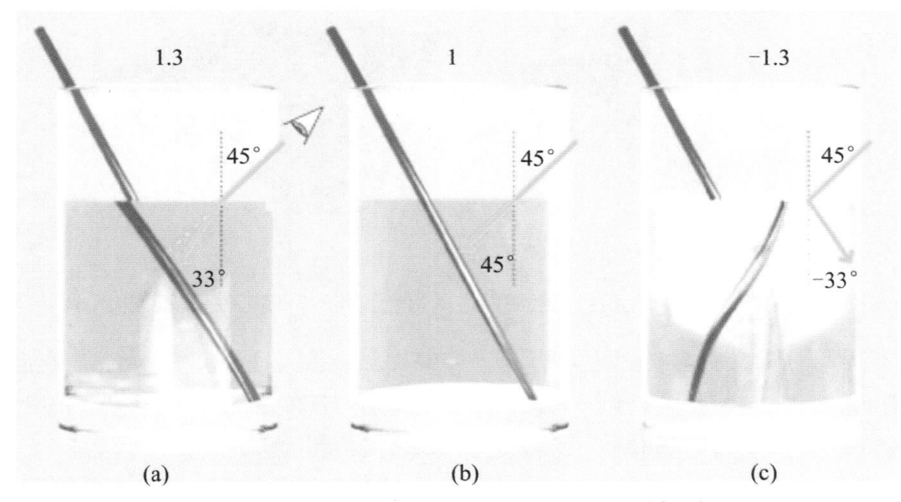

图1　折射率分别为1.3，1和-1.3时光的折射现象

古代所谓的遁术，是用亮闪闪的金属反射光线快速晃瞎人的眼睛，其实就是让人眼看不见光。如果我们能用特殊的技术，让光发生不同方向的折射现象(图1)，是不是就可以任意地操纵光线，随心所欲地拿捏各个纬度空间呢？那就让我们撕裂空间试试，像图2那样在空间里挖个洞。注意第四个图里面，黄色的光线是不是绕着撕开的孔洞外围传播？这时候黄色的光线不能穿进洞里，只能在洞外瞎转悠，在黑色边的孔洞里，光线就进不来了。没有了光线，如果我们站在这样的孔洞里，请问你还能看见我们吗？

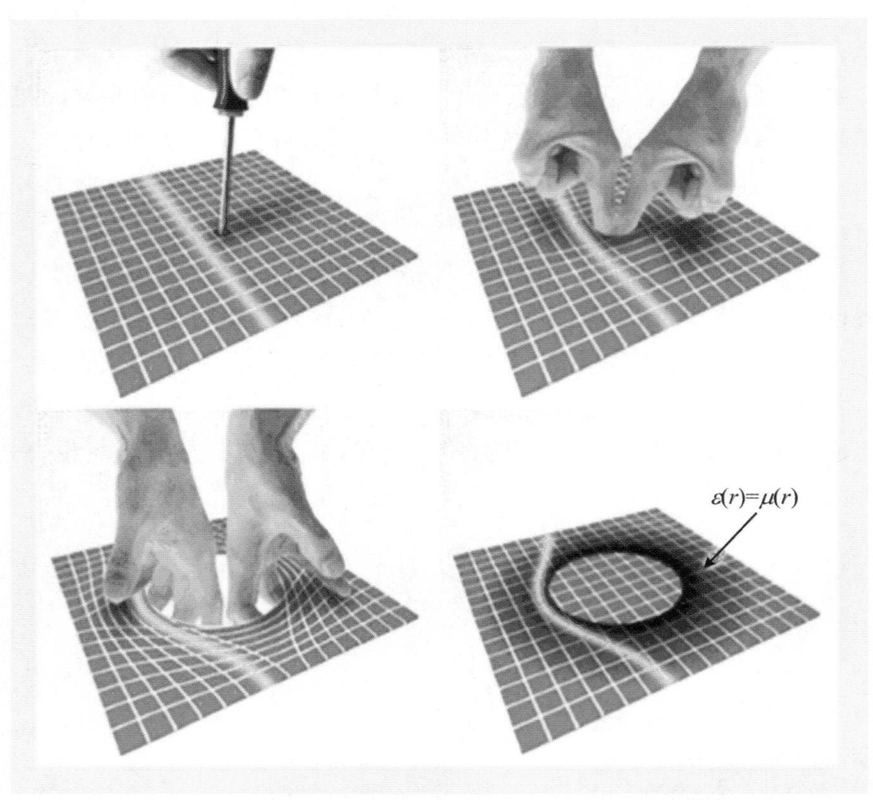

图2　撕裂开个空间，让黄色光线不能进入黑色的孔洞（目前只是实验模拟阶段）

我们可见的这些光，其实就是一类电磁波。科学家能操纵光，就是能够操纵电磁波。电影里哈利·波特的隐身斗篷，其实就是操纵光线，让光线"绕行"，不再沿着直线传播，这样就看不见站在中心的人了。

科学家们为了制造这个隐身斗篷，开始拼积木似地将不同特殊设计的人工结构搭建在一起，得到一种新的人工材料，即为超材料。这种操纵光线的超材料，称为光学超材料，用这种材料可以制作隐身衣服，穿上这件衣服，别人就看不见你了。不过，遗憾的是，现在网络上说的隐身衣，其实都不是真的。真正的可见光的隐身衣科学家还没有制造出来呢，或者是已经制造出来了，还是高级机密信息。

触摸不到——力学隐身

说实在的，看不见的光学隐身都快研究20年了，科学家们天天摆弄光线电磁波，却还没有制造出隐身衣，真是让人气馁啊！后来科学家们只好想别的办法，开始操纵弹性波，来看看初中物理最先讲的力是怎么传递的。

比如，我们小时候玩过的把戏，把一张纸折叠几次，它就能承载很大的重量了。正是这种折叠的“结构”让柔软的纸张变得“强壮”。这其实就是在无意中借鉴了超材料的设计理念。想想看，在图3中，那么重的力压在柔软的纸上，力都跑哪去了呢？

图3　折叠结构让柔软的纸变得强壮

科学家们玩完游戏，突发灵感——用各种各样不同材料、不同结构和不同外形的微小物体块搭建在一起，得到更多样化的让你触摸不到的力学超材料。目前，无触感斗篷隐身技术（图4）是最常见的力学超材料的应用。这时力学超材料将圆柱体隐藏起来，手指是触摸不到的。

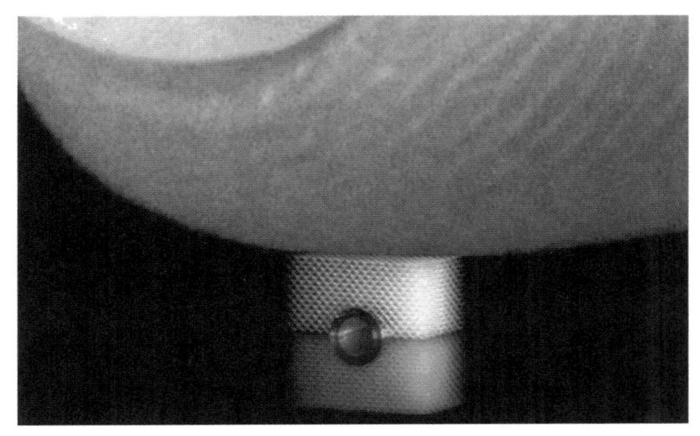

图4　力学超材料将圆柱体隐藏起来，手指感觉不到

力学超材料的研究刚刚开始，就出现了很多种类似无触感的隐身技术，比如负泊松比、负弹性、负刚度、负可压缩性等超常力学性能。这些科技名词可能到大学的课程里才会学到。打个比方，好比我们拔河时恨不得把绳子拉细拉断，可是如果这根绳子是力学超材料制成的，我们越用力拉，绳子就会越粗。再比如，小时候生气时可能会一个劲地踹泥土地来发泄，有时会踹个大坑出来，若是你踹力学超材料制成的泥土，你越用力踹，材料越是膨胀。如果用力学超材料做个足球，就不用打气了，因为越踢足球，里面的气就越多。可惜的是，现在这种力学超材料足球还没有卖的，只能找科学家来定制，且未必能做出来。

感觉不到呼吸气息——声学隐身

还有一种情况，如果我们真的隐身了，人们看不见，触摸不到，可若是我们打了个喷嚏，或是大喘气一下，肯定又会被发现了。于是，怎么让呼吸也消失，让人感觉不到呢？想想看，当开口说话和呼吸时，是不是与声带有关？那就是让科学家们操纵声波，也就是弹性波。

这种操纵声波的超材料，称为声学超材料，就是用各种各样不同材料、不同结构和不同外形的微小物体块搭建在一起，得到一种更特殊的材料。比如用这种声学超材料制成传感器（图5），声波会在传感器处消失，经过声学超材料后，再大的声音人们也听不见。所以你戴上用这种声学超材料做的口罩，你呼吸、打喷嚏或大喊大叫时，没人会听得见。只是，声学超材料研究也是从最近这几年才开始的，科学家们还在通过实验来模拟和验证这种声学超材料口罩的功能。

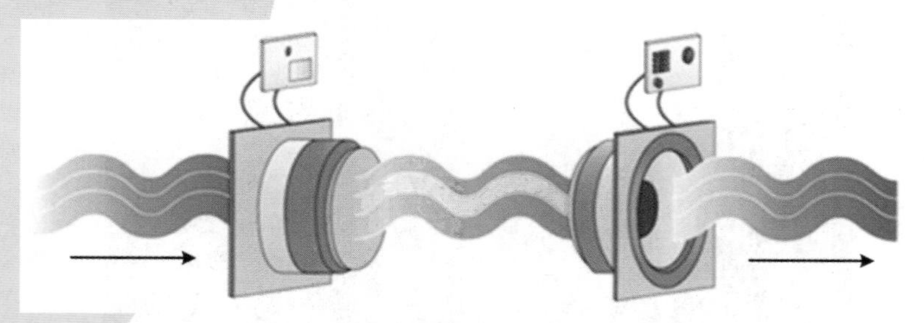

图5　隐形声学传感器

感觉不到温度——热学隐身

现在就接近完美隐身了，人们看不见、触摸不到，也感觉不到呼吸，可是我们的身体还在向空气辐射热量，如果用检测温度的红外仪器一照，我们就原形毕露了。怎么办？于是科学家们开始研究热学隐身，让人体的温度也不存在了。

大家都知道热流是从高温向低温流动的，比如手握一块冰块，手上的热量就传给了冰块，于是冰块就融化了。如果手握一块冰块而不让冰块融化，该怎么办？有人说戴上厚厚的手套就可以了。是的，手套挡住了热流向外扩散。就像图6(a)所示的，红热的高温热流遇到圆形的热学超材料时，黄色部分的热量就绕着中间的圆形边缘走，热量并没有传递到右侧。那么如果人们站在右侧的位置，是检测不到人体的热量的。

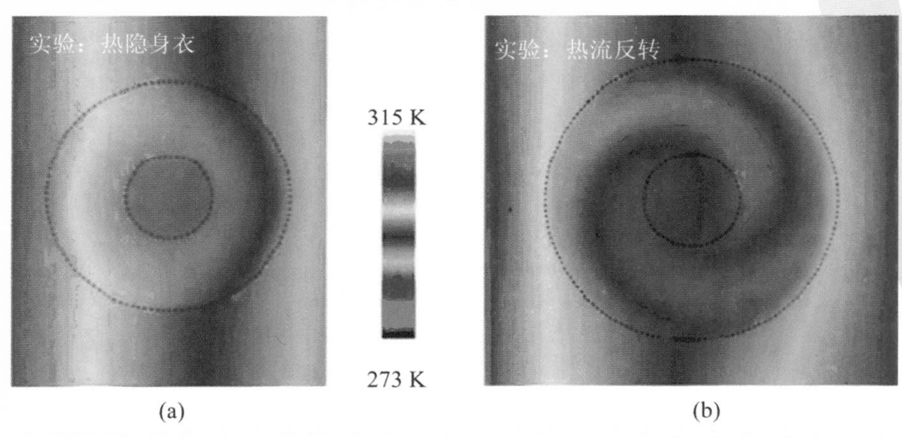

图6 (a) 热隐身(热流绕过物体传递)；(b) 热流反转(热流表从低温流向高温)

还有一种情况，就是让热流反转。如图6(b)所示，图中圆形内部的热流是旋转形状的，这里不同的颜色代表不同的温度值，红色温度最高，黑色温度最低。这样，热流不像往常那样从高温流向低温，而是从低温流向高温。也就是说如果戴上这种热学超材料编织的手套握着冰时，手也会变成冰的，而冰并不会融化。如此一来，穿上热学超材料的衣服，红外仪器是检测不到我们存在的，如此完美。

现在让我们回顾一下，这四项全能隐身——看不见的光学隐身，触摸不到的力学隐身，感觉不到呼吸气息的声学隐身，感觉不到温度的热学隐身。若综合这四项全能，穿上这样的超级隐身衣，马上成就超级完美隐身超能力。我存在？还是不存在？

有了这种四项全能完美隐身衣，你就可以天地任逍遥了。不过这种隐身衣还在科学研究中，你可不可以多学习一些物理知识，来实验室帮帮这些科学家们呢？

当代“鲁班”的故事

——揭秘道法自然的仿生材料

李祥宇　冯　琳*

有物混成，先天地生。寂兮寥兮，独立而不改，周行而不殆，可以为天地母。吾不知其名，字之曰道，强为之名曰大。大曰逝，逝曰远，远曰反。故道大，天大，地大，人亦大。域中有四大，而人居其一焉。人法地，地法天，天法道，道法自然。

——《道德经》

仿生材料的“前世今生”

自然界中最奇妙的事物莫过于生命，经过45亿年优胜劣汰、适者生存的进化，地球上的生灵们形成了各自的“独门绝技”，其结构和性能达到了近乎完美的程度，并获得了环境自适应性和自愈合能力。当科学家们潜心去研究这些鬼斧神工的“绝技”时，会发现人类面对的很多难题早已被大自然的聪明才智解决了。就这样，人类从自然界汲取灵感，学习并发展大自然的“绝技”，甚至达到了巧夺天工的效果，这就是神奇的仿生。

自古以来，自然界就是人类各种发明创造、技术方法及工程原理的源泉。还记得古代杰出工匠鲁班模仿叶子边缘而发明锯的故事吗？这算得上中国历史上最具代表性的仿生学应用了。虽然仿生早有雏形并指导人类的生产活动，但其作为一门独立的学科源于20世纪60年代在美国召开的第一届仿生学讨论会。1960年9月，美国科学家斯梯尔(J. E. Steele)首次提出仿生学(Bionics)的概念，由此引发了这个全新的研究领域的热潮。仿

*　李祥宇、冯琳，清华大学化学系。

生学一词由拉丁文“bion”（“生命方式”的意思）和字尾“ic”（“具有……的性质”的意思）构成，其是研究生物系统的结构和特征，并以此为工程技术提供新的设计思想、工作原理和系统构成的科学。简言之，仿生学就是模仿自然界中生物的科学。美国著名的分子生物学家斯蒂芬·威恩怀特(S. Wainwright)曾认为，仿生学将成为21世纪最重要的生物科技。

仿生学是一门与生物学、数学和工程技术学等相辅相成的新兴科学，而其在材料科学领域衍生的仿生材料，极大地改变了人类的生活方式，已成为仿生学在实际应用中的重要利器。所谓仿生材料，是指仿照生命系统的运行模式和生物材料的结构规律而设计制造的人工材料。正是由于自然材料的诸多优异特性，科学家们从更微观的层次道法自然，设计并制备出高性能的仿生材料来为人类科技文明服务，比如仿生人工骨材料、仿壁虎黏附材料、仿蜘蛛人造纤维、仿贝壳高强材料等（图1）。这些蓬勃发展的仿生材料极大地改变了人类的生活方式。

图1　生活中的仿生材料

无所不能的当代“鲁班”

近年来，仿生材料发展迅速，种类繁多，在各个领域中大显身手，引发了一股又一股的科技创新浪潮。

1."与水共舞"的仿生超浸润界面材料

仿生超浸润界面材料是20世纪90年代末以来迅速发展起来的一类新型仿生材料,其灵感来源于自然界生物为了适应生存环境而形成的具有特殊浸润性的功能界面。

"出淤泥而不染"的荷叶效应。自然界中某些植物叶片的自清洁效果引起了科学家们极大的兴趣,这种自清洁性质以荷叶为典型代表,因此这种现象被称为"荷叶效应"。荷叶素有"出淤泥而不染,濯清涟而不妖"的美誉,细雨过后,水滴有如洒在翠玉盘上的珍珠在荷叶表面随风摇曳,将叶片上的细小灰尘黏附在身。随着水珠吧嗒吧嗒滑落,表面的灰尘也随之而去,从而保持叶片表面的干燥清洁。1997年,德国生物学家Barthlott和Neihuis通过对近300种植物的叶片进行研究,发现荷叶表面有很多凸起,这些凸起是由一种叫作角质层蜡的疏水性物质组成的。实验揭示了叶片具有自清洁功能是由于表面上的微米结构乳突和具有疏水性质的蜡状物质共同作用。2002年,我国科学家江雷研究员课题组进一步发现荷叶表面的微米结构乳突上以及乳突之间还存在着树枝状的纳米结构,从而揭示了这种微米和纳米分级复合结构是表面超疏水的根本原因(图2)。基于对荷叶效应的深入研究,人们通过模仿荷叶表面微观结构来制备具有微/纳复合结构的仿生超疏水材料,从而奠定了仿生超浸润材料的基础。此后,仿生超疏水材料日益成为仿生技术的一大焦点,应用在国防、工农业生产以及日常生活等众多领域。譬如我国的标志性建筑物国家大剧院便采用了具有自清洁功能的仿生玻璃,多年之后仍保持着"肤白貌美不怕水"。

图2　荷叶效应及表面微观结构

水滴的“规行矩步”。水珠在荷叶表面仿佛是一个不听话的孩子，可以向任意方向滚动而不受阻碍，这说明荷叶表面的各个方向浸润性是各向同性的。但与荷叶不同，在水稻叶表面上水滴表现得很“听话”，仅沿着平行叶脉的方向滚动。水稻叶片虽然表面也具有和荷叶类似的微米/纳米复合的阶层结构，但是其乳突是沿着平行于叶片边缘的方向有序排列的，而在垂直的方向上无序排列。研究发现，这种表面微米级乳突的特殊排列方式导致了水滴在水稻叶表面的浸润各向异性。蝴蝶翅膀是另一个典型的各向异性浸润的案例。蝴蝶在飞行过程中被雨滴击中而不会落下，是因为水滴会沿着翅膀轴心放射方向滚动而不会沾湿身体影响飞行。这样的水滴滚动方式是因为其表面存在大量沿轴心放射的定向微米级鳞片，而且每一个鳞片上又排列着整齐的纳米条带，其中每个纳米条带由定向倾斜的周期性片层堆积而成。所以，水滴会沿着轴心放射方向滚动而在相反方向受到阻碍。蝴蝶在飞行过程中，可以通过调整翅膀扇动的姿势或者空气流过翅膀表面的方向来保证自身的稳定性(图3)。基于这样的特殊表面结构，科学家们通过光刻技术、倾角腐蚀成型法、斜电子束照射、纳米压印技术等成功实现了多维各向异性浸润材料的构筑，广泛用于微流体器件、生物芯片、流体减阻与定向运输等领域。

图3　水稻叶片和蝴蝶翅膀的表面微观结构

“如胶似漆”的玫瑰花瓣效应。上述的各个例子中，无论是具有各向同性还是各向异性浸润性的表面，水滴都可以轻易滚动。但是自然界有着无限的魅力，诞生出无数具有特殊功能的精灵。玫瑰，集爱与美于一身，不仅是我们人类，甚至是水滴遇见了也久久不愿离去。玫瑰花瓣和许多超疏水表面一样，水滴在其表面上呈现圆润的球状，但是水滴会牢牢黏附在花瓣表面。正是这些黏附的小水滴可以使得玫瑰保持着鲜丽柔润的外观，代表爱与美的永不枯萎。研究发现，这种超疏水高黏附的现象仍是由表面的特殊微观结构导致的。玫瑰花瓣表面覆盖着微米级乳突，但同时乳突尖端又存在很多纳米级的折叠结构，所以很容易使水滴镶嵌在花瓣表面而形成这种高黏附的状态(图4)。由于玫瑰花瓣效应在无损微量液滴运输、微流体技术中对流速和流量的控制、小体积液体样品分析等领域有着很大的研究价值，所以许多研究人员通过溶胶凝胶技术、自组装技术等多种方式成功制备出超疏水高黏附表面，实现了真正意义上的“如胶似漆”。

(a)

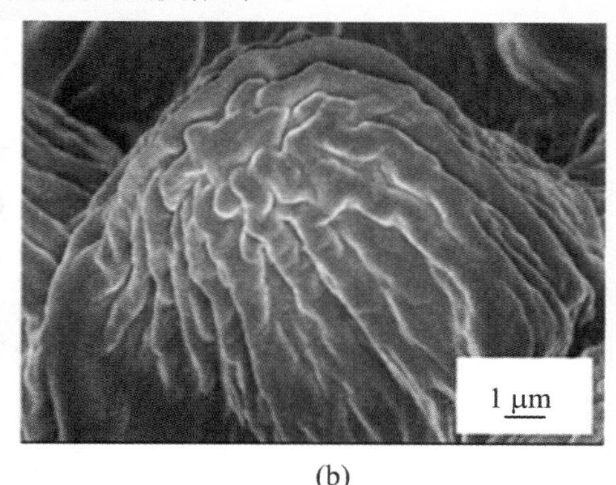

(b)

图4　玫瑰花瓣表面微观结构

2.“四两拨千斤”的仿蛛丝超强韧纤维材料

相信大家都知道蜘蛛侠这个超级英雄，勇敢坚强的蜘蛛侠在高楼林立的纽约市飞檐走壁，为保护人类而努力战斗。最让人印象深刻的便是他那无所不能的“蛛丝”，而这实际上也是一种功能强大的仿生材料。

首先来说说天然蛛丝，它是蜘蛛分泌的一种成分为天然蛋白的生物弹性体纤维。蛛丝是由一些被称为原纤的纤维束构成的，而原纤又是厚度为纳米级的微原纤的集合体，微原纤则是由蜘蛛丝蛋白构成的高分子化合物。这里的蜘蛛丝蛋白则是由各种氨基酸(主要为甘氨酸、丙氨酸和丝氨酸)组成的多肽链按一定方式组合而成的。蜘蛛丝直径只有几个微米，比人的头发丝(100微米左右)还要细,但却能发挥"四两拨千斤"的作用,具有轻质、高强度、高韧性的力学性能及优良的生物相容性,在强度和弹性上都大大超过人造钢材和凯夫拉纤维,即使被拉伸10倍以上也不会发生断裂。此外,蛛丝还具有优异的吸收震动性能和耐低温性能,并且在自然环境中可降解无污染,是人类已知的世界上性能最优良的纤维材料。

科学家们通过对蛛丝的成分、结构和形成原理进行深入解析,提出多种合成技术用于制备仿蛛丝超强韧纤维材料。20世纪90年代美国投入了大量人力物力进行相应研究,并发现了氨基酸的含量与蛛丝强度的关系,将相应的仿生材料用于高级防弹衣的研制(图5)。此外,杜邦公司成功基于人造基因制备具有蛛丝特性的蛋白质,并利用类似于蜘蛛吐丝的纺织技术制成纤维用于航空航天领域。不久,加拿大魁北克的科学家将人工合成的蜘蛛蛋白基因植入山羊的乳腺细胞,成功研制出新一代的动物纤维,因其优异性能而被誉为"生物钢"。随着纳米科技的发展,多种类型的纳米材料用于仿蛛丝超强韧纤维材料的制备,比如一维碳纳米管、聚氨酯弹性体等。这种仿生材料在国防军事(防弹衣、坦克和飞机装甲)、航空航天(宇航服、降落伞)、建筑(桥梁、高层结构材料)和医疗保健(手术设备、人造肌腱)等多个领域有着广阔的发展前景。

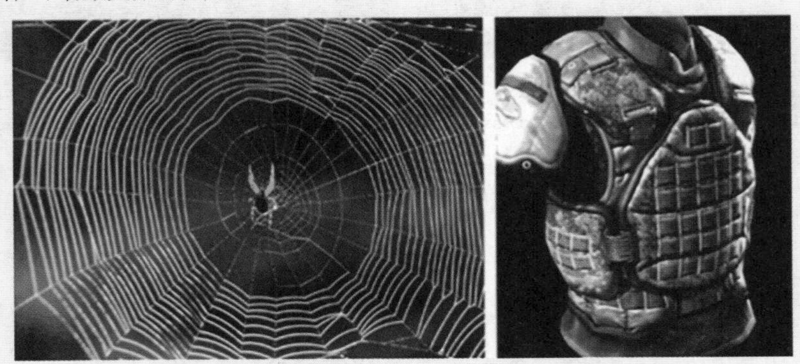

图5　天然蜘蛛丝与仿蜘蛛丝纤维材料

3."力争上游"的仿鲨鱼皮减阻材料

还记得《水浒传》中浪里白条张顺在水中穿梭自如的场景吗?你是否也想拥有这样的能力呢?这个重任还得落在仿生材料的肩上。

2000年悉尼奥运会游泳比赛中,伊恩·索普(Ian Thorpe)身穿"鲨鱼皮"游泳衣,犹如碧波中劈波斩浪的鲨鱼,并一举夺得3枚奥运金牌,自此

“鲨鱼皮”泳衣名震泳界。“鲨鱼皮”游泳衣，也叫神奇游泳衣，可以极大地减小游泳时的阻力从而提高人们的游泳速度，让人们都可以成为“浪里白条”。而这种游泳衣的材质并不是真的鲨鱼皮，它是因仿照鲨鱼皮的表面结构而得名的。鲨鱼作为海洋的霸主，有着惊人的游速和减阻能力。这是由于鲨鱼体表覆盖着一层V形的盾鳞，这种独特的盾鳞具有顺着水流方向的凹槽，可以保存着一定的黏液并有效延迟或抑制湍流的发生，进而减小水体对鲨鱼游动产生的阻力(图6)。因此，人类将游泳衣的表面也做成了类似的结构，同时在接缝处模仿人类的肌腱，为人们向后划水提供动力，这种特殊的泳衣可以使人类的运动成绩提高7%。

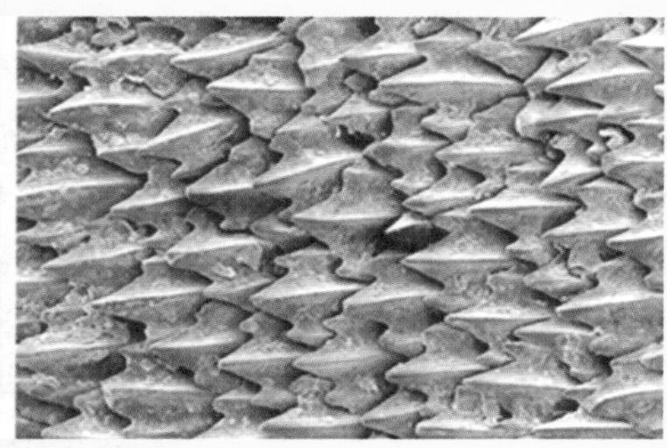

图6　鲨鱼皮肤表面微观机构

其实人类在很久以前就已经利用鲨鱼皮从事各类生产活动了，比如早期在希腊地区人们将鲨鱼皮当作砂纸来打磨树木的表面，早期的波斯人也将鲨鱼皮用于武器的制作。但是直到19世纪末，关于鲨鱼皮表面盾鳞的结构才有了较为系统的研究，其减阻的性能也是较晚被人们发现的。鲨鱼皮作为减阻仿生学的重要研究对象，其在游泳衣上的应用只是很小的一个方面。除了上述的减阻效果，鲨鱼皮还有一个独特的性能就是表面不会被油污染或者微生物污染。众所周知，船在水中航行较长时间后，其表面会黏附一层难以除去的微生物，这层微生物不仅会大大降低船的航行速度，还会增加燃油的消耗，而仿生鲨鱼皮制成的防污垢表面可以有效地解决这个问题。在航空航海领域中，仿生鲨鱼皮减阻材料可以显著减少燃油消耗、提高航速并延长航时和航程。譬如应用这种仿生鲨鱼皮减阻材料的A340-300长途客机，每次飞行节省的燃油费可以增加6%的营业额，同时也带来了非常可观的环境效益。如今随着3D打印技术的高速发展，仿生鲨鱼皮减阻材料的制备更加便捷省时，正如“滔滔江水任君游，一路迎风搏激流”，仿生鲨鱼皮减阻材料在多个研究领域发挥着青春的活力。

历久弥新的仿生大家庭

神秘的自然界为人类的创新提供了天然的宝库，应运而生的仿生学综合了多门学科，从天然生物独特的结构与性能出发，制备出优于传统材料的新型仿生材料，其种类和数量不胜枚举，以上介绍的只是仿生大家庭的冰山一角。

近年来，仿生材料的研究无论在结构材料方面，还是功能材料方面，均取得了令人瞩目的成就，这极大地支撑和推动了高新技术的发展。仿生材料已经从微米/纳米水平进入到分子水平，其快速发展为人体器官的替换带来了革命性技术，实现了对生物体系统的人为改良，此外功能材料的制备与应用也因此得到了里程碑式的进步，比如在常温常压的条件下就可以制备出曾经需要高温高压才能合成的产品。如今，仿生材料从宏观到微观，从结构到性能，正向着复合化、智能化、微型化、环境化和能动化的方向发展。自然界中有着上千上万种生物，而人类目前能仿生的仅是其中很少的一部分，相信随着人类认识的加深和科技的进步，未来会有更多的新型仿生材料问世。

常温液态金属
——自然界精灵般的材料

刘　静*

常温液态金属：一度藏在深山无人知

液态金属，顾名思义，通常指在室温附近或更高一些常温下呈液态的金属，也称低熔点金属。在自然界，有一种奇妙的金属很早即为人所熟知，这就是水银，俗称汞，但其在使用中却存在安全隐患，这是液态金属留给世人的常规印象。

然而，近年来引发业界巨大兴趣和广泛关注的却非水银这样的金属，更多的是指那些如镓基、铋基金属或其合金乃至更多衍生金属材料。这些金属在常温下是液体，可以像水一样自由流动（图1），但却拥有金属的特性，当温度降低时，它们易于从液态转成固态，从而展现出更为典型的金属特性。此类材料因安全无毒、性能卓越，正成为异军突起的革命性材料。

与低熔点金属形成对比的是，在数百摄氏度以上高温才变成液态的金属或其合金，则称为高熔点金属，系经典冶金材料，一百多年来已被广泛研究。近年来一系列颠覆性发现和技术突破的取得，使得常温液态金属诸多科学现象、基本效应和重大用途逐步得到认识，该领域得以从最初的鲜为人知，发展成今天备受瞩目的态势。

* 刘静，中国科学院理化技术研究所，清华大学医学院生物医学工程系。

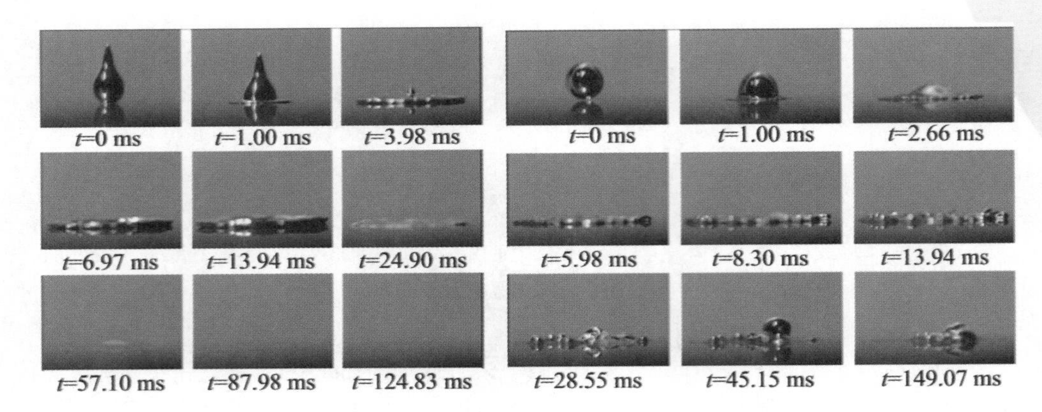

图1　镓基液态金属液滴(左)及其外覆水膜(右)时撞击钢板基底的动态情形

从应用层面看，液态金属如镓基合金等，因在常温下可流动，导电性强，热学性能优异，易于实现固液转换，且沸点在高达2000摄氏度时仍处于液相，不会像水那样发生沸腾乃至爆炸，可以说仅用单项材料就将诸多尖端功能材料的优势集于一体，由此打破了许多领域传统技术的应用瓶颈，也因此开启了极为广阔的应用空间。比如，液态金属在常温下导热和吸纳热量的能力均远大于传统的甲醇、水等导热剂，是新一代散热器的理想传热介质；液态金属固化后具有与常规金属一样坚硬而柔韧的特性，易于成型制造，工业用途十分广泛；而若将液态金属引入到生物医学领域，则会带来疾病诊断与治疗模式天翻地覆的变革。

此外，液态金属同时拥有的流动性和导电优势，为电子制造提供了前所未有的便捷性，由此促成了液态金属印刷电子学的兴起。当然，同样让人饶有兴味的是，一系列科学试验揭示，液态金属就好比美国好莱坞科幻影片《终结者》中展示的神奇金属物质那样，可用以构筑未来全新一代的可变形柔性智能机器人。总之，由于液态金属展现出的诸多优势和重大应用价值，业界普遍将液态金属近年来取得的成果赞誉为“人类利用金属的第二次革命”。下面我们一起来看看液态金属的若干典型特性和有趣应用吧！

液态金属丰富神奇的物质属性开启了科学发现之门

液态金属自身蕴藏着极为丰富有趣的材料属性，由此引发的大量发现改变了人们对于传统物质的理解，有关认识反过来又促成若干全新技术的创建。迄今，基于对液态金属电、磁、热、流体、机械及化学等特性的研究，学术界在电子信息、芯片冷却、能源、先进制造、生命健康以及柔性智能机器等领域取得许多突破，不少进展在世界范围内得到了广泛重视和认同。无疑，对液态金属物质规律的充分理解，是创造未来各种应用的基础保障。

从如下介绍的基础现象中，读者可初步领略液态金属这一精灵般物质的有趣属性。

近年来研究发现，处于溶液中的液态金属，可在电场控制下于不同形态和运动模式之间的转换，呈现出如大尺度变形、自旋、定向运动、融合与分离、射流、逆重力爬行、褶皱波效应等行为。这些异常独特的现象改变了人们对于传统材料学、复杂流体、软物质以及刚体机器的固有认识，为变革传统机器乃至研制未来全新概念的高级柔性智能机器奠定了理论与技术基础，相应工作引发世界范围内的反响和热议，被认为是观念性突破和重大发现，“预示着柔性机器人新时代”的到来。

更为神奇的是，处于溶液中时，液态金属可在“吞食”其他金属如铝后，以可变形机器形态长时间高速运动，实现了无需外部电力的自主运动，这为研制智能马达、血管机器人、流体泵送系统、柔性执行器乃至更为复杂的液态金属机器人奠定了理论和技术基础，也为制造人工生命打开了全新视野，对于发展超越传统的柔性电源和动力系统也较具价值。若采用注射方式，还可快速规模化制造出液态金属微型马达，其呈宏观布朗运动形式，受电场作用时会出现强烈加速效应；而外界磁场对液态金属马达则起到磁陷阱效应作用；液态金属马达之间会表现出极为丰富的碰撞、吸引、融合、反弹等行为。

进一步地，人们不禁要问，若液态金属中引入固体单元后，行为又将如何呢？答案同样令人称奇。试验发现，经处理后的铜丝触及处于溶液中的含铝液态金属时，会被其迅速吞入其中，并在液态金属基座上做长时间往复运动，表现出自激振荡效应，其振荡频率和幅度可通过不锈钢丝触碰液态金属来加以灵活调控。这一发现革新了传统的界面材料科学，也为柔性复合机器人的研制开辟了新思路，还可用作流体、电学、机械、光学系统的控制开关。其他一些有趣的固液组合机器效应，还包括金属颗粒触发型液态金属跳跃现象，以及可实现运动起停、转向和加速的磁性固液组合机器；而采用电控可变形旋转的“液态金属车轮”，还可驱动3D打印的微型车辆，实现行进、加速及更多复杂运动，可谓“小机器，大乾坤”。

以上液态金属展示出的丰富材料属性，彰显了这一新兴领域的科学魅力。而液态金属在大量应用领域的引入，更是打破了不少传统技术面临的关键瓶颈，促成了全新技术的构建。

液态金属优异的冷却特性可为尖端芯片应用保驾护航

众所周知，在芯片应用领域，高集成度、高功率密度芯片运行时常常伴随着极端的发热问题，学术界称之为“热障”，长期以来被公认为世界性难题。21世纪初，中国实验室首次提出了具有领域突破性意义的液态金属芯片冷却方法，由此开启了颠覆传统的散热解决途径，该成果被誉为第四代先进热管理技术乃至终极冷却方法。作为高热导率流动介质，液态金属热导率为水的60倍左右，且从室温至2000摄氏度均能保持液相，这使其拥有优异的换热能力。这种全新一代超高热流密度热管理技术(图2)，打破了传统模式的技术理念。此前数十年来，工业界主要沿用空冷、水冷及热管散热，但技术趋于瓶颈。

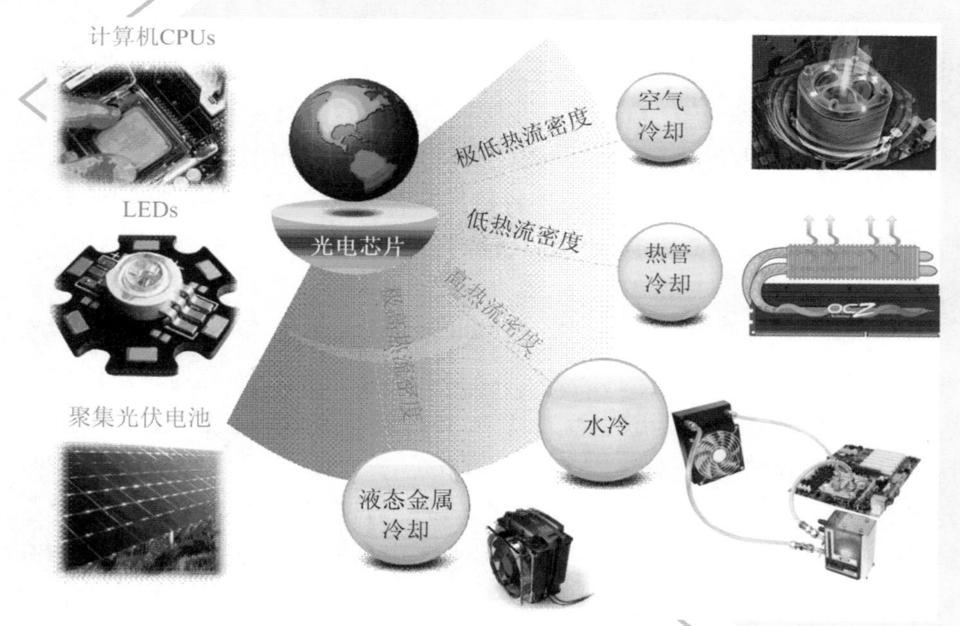

图2　用于芯片冷却的四代典型冷却技术

基于液态金属卓越的冷却特性，学术界发展出一系列变革性散热技术和装备，在超大功率或高热流密度电子芯片、光电器件以及国防安全领域的极端散热上(如激光、微波、雷达、卫星、导弹、预警系统、航空航天等)已显示出关键价值,相应技术还被拓展到消费电子、废热发电、能量捕获与储存、智能电网、低成本制氢、光伏发电、高性能电池及热电转换等广阔领域。2011年前后,中国科学院理化技术研究所刘静研究小组的工作入选美国机械工程师学会会刊《电子封装学报》年度唯一最佳论文奖,液态金属先进冷却技术渐入业界视野。无独有偶的是,由于液态金属冷却技术显著的科学前瞻性和变革性,美国国家宇航局于2014年将其列为面向未来的前沿技术。

液态金属电子墨水的出现催生个性化电子制造技术

电子器件是现代文明的基石,代表一个国家的制造水平。众所周知,传统的电子制造工艺繁琐,涉及从基底材料制备到形成互连所需的薄膜沉积、刻蚀、封装等环节,需消耗大量原料、水、气及能源。为改变这一现状,中国刘静团队首次提出了不同于传统的液态金属印刷电子学思想,其墨水为液态金属,通过印刷方式在各种柔性或刚性基材上直接制造出目标电路、元器件、集成电路乃至终端功能器件(图3),这一突破被认为有望改变传统电子及集成电路制造规则,业界对此做出评论:“找到室温下直接制造电子的方法,就意味着打开了极为广阔的应用领域乃至通过家用打印机制造电子器件的大门。”当前,液态金属柔性电子制造技术已发展到超快水平,利用被命名为智慧印刷的技术和装备,在数秒内即可打印出A4纸大小的高精度复杂电路,速度远远超过迄今已发展的各类先进电子加工技术。总的说来,液态金属印刷这种所见即所得的电子直写模式,打破了个人电子制造技术的瓶颈和壁垒,使得在低成本下快速、随意地制作电子电路特别是柔性电子器件成为现实,这标志着电子制造正逐步走向平民化。未来,人类社会将会迎来一个全新的个性化电子制造时代。

不同功能材料具有相容性和可同时打印性,发展出旨在直接制造终端功能器件的3D混合打印技术,证实了采用低熔点金属墨水(用作制造电子部件)和非金属墨水(用作制造支撑或绝缘封装基底以及半导体功能单元)交替打印和组装功能器件的可行性。不远的将来,我们不用再去买电子元件了,在家就可以全自动制造与组装功能元器件了。终端功能器件的全程自动制造与组装成为可能。

当前,全球在液态金属增材制造领域的研究已然风生水起,展示出一个极具活力和发展前景的新兴科技前沿。以低熔点液态金属为基础墨水的打印技术，突破了传统金属材料的形态和高温限制，实现了常温下功能器件的完整制造，有助于发挥打印方式在智能生产和灵巧制造领域的作用，继而促成生产方式的变革。在“大众创业，万众创新”的巨大需求下，这些适用于各种维度和物质表面的变革性电子器件快速制造技术，将为千千万万的创客提供颇具个性化的制造工具和手段。

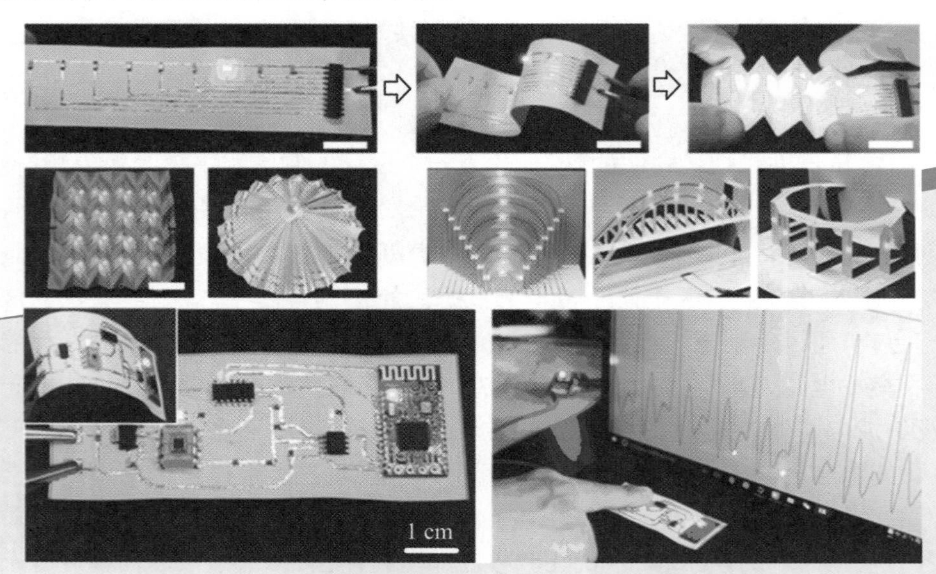

图3　基于液态金属打印技术实现的导电图案与功能应用电子

液态金属的独到属性打破传统生物医疗模式

“天生我材必有用”，液态金属无疑也是优异的生物材料。在生物医学与健康技术领域，独特的液态金属同样为之带来重大变革，促成了一个全新的生物材料学领域乃至医疗技术体系。如下仅举两例。

1. 可实现高清晰血管网络成像的液态金属造影术

遍布全身的血液循环通道，即血管网络，其尺寸、空间分布及走向等对机体代谢、营养和药物输运至关重要，同时血管自身也面临着诸多病变威胁，无论在健康检测还是疾病诊治中，细微血管的异常生长与变化均是衡量病理状况与疾病发生发展的重要指标。为此，在医学检测方面，获取高质量的血管图像具有十分重要的医学生理学意义。

针对这一关键需求，我国的科技工作者提出并成功证实了有别于传统的液态金属血管造影方法的高效性。研究表明，以镓为代表的一系列合金材料在室温下呈液态，可在不破坏组织结构的情况下灌注到血管网络中，同时其自身拥有的高密度会对X射线造成很强的吸收作用，因而在X光拍摄或CT扫描中，充填有液态金属的血管会与周围组织形成鲜明对比，由此达到优异的成像效果，而液态金属的流动性和顺应性甚至可以让极细微的毛细血管也能在图像中以高清晰度的方式显现出来。实验发现，当将室温液态金属镓分别灌注到离体猪的心脏冠状动脉以及肾脏动脉中时，重建出的血管网络异常清晰，造影效果远优于临床上常用的碘海醇增敏剂，图像对比度呈数量级提升(图4)，揭示的血管细节更加丰富，且造影效果不会如传统增敏剂那样随时间逐步衰减。

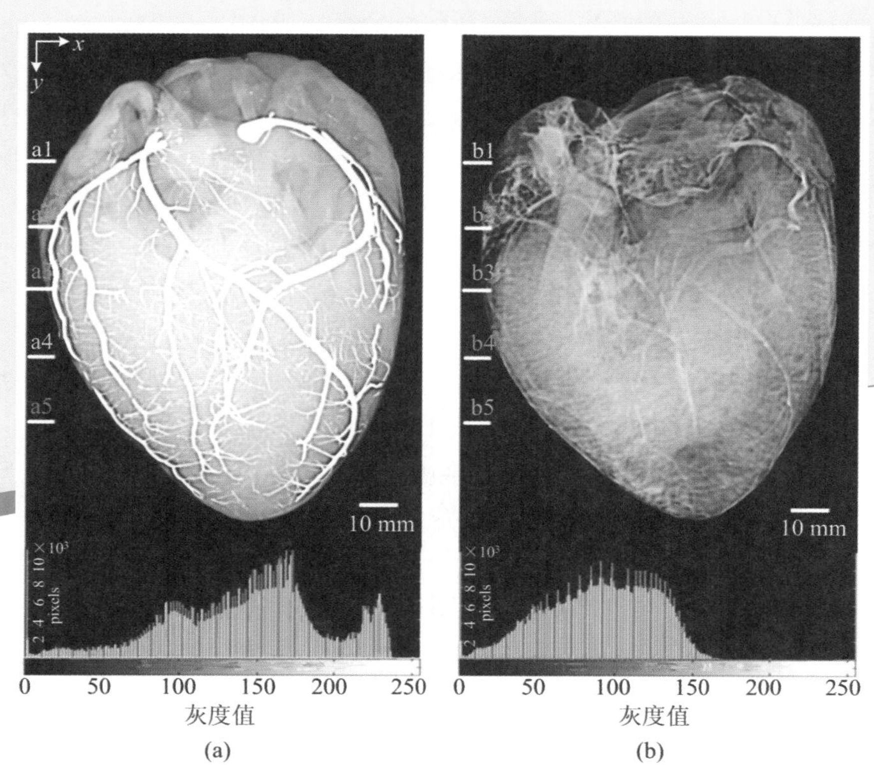

图4　液态金属高分辨血管造影术：镓造影剂(a)与传统碘海醇造影剂(b)的猪心脏冠状动脉毛细管成像情况对比

这项新材料技术“提供了前所未有的细节”“采用相对简洁的方法解决了无比复杂的问题”，其进一步发展将可能“革新我们对于自身的认识”。例如，研究肿瘤血管的生长规律，以非破坏方式快速重建虚拟人或动物的血管网络数据等。该方法也并不仅限于血管成像，在其他科学或工程学中涉及的微/纳米管道三维重建过程中也有较好的应用前景，在影像仪器分辨率足够的前提下，可以获得较高的成像精度，甚至达到纳米量级。

此外，借助液态金属优良的充填性，可建立起用以阻塞血管营养输运进而诱发病灶凋亡的肿瘤诊疗一体化技术，整个过程在影像设备引导下以血管微穿刺方式进行。形象地说，这是一种旨在饿死目标肿瘤的医学新途径，值得进一步探索。

2. 层出不穷、脑洞大开的液态金属生物医学技术正纷至沓来

为快速修复受损骨骼，我国科研团队基于液态金属的流体规律和液固相变特性，提出了注射金属骨骼的理念和技术，可实现高度微创的原位重建骨骼；同时，从液态金属易于实现固液转化的角度，还可构建刚柔相济的液态金属外骨骼技术。而从液态金属电学特性出发，我国学者则提出了注射电子学思想及植入式医疗器械在体3D打印技术。这些有如科幻电影的金刚狼技术那样，正在成为现实中可望出现的应用。

此外，通过解决黏附性问题，学术界相应发展了液态金属皮肤电子技术。皮肤电子学是正在兴起的柔性电子应用领域，但已有方法通常无法直接在皮肤上制作电子器件。通过液态金属模板喷印技术，可在皮肤上快速构建用以检测生理信号的元件；该技术已被证实可用于皮肤黑色素瘤的低频低压电学治疗。特殊设计的液态金属皮肤涂层还可结合更多外场如近红外激光，实现皮肤肿瘤的高效消融治疗。

需要指出的是，一些液态金属具有强烈的化学反应活性，此类特性同样也可充分加以利用。比如，近年来出现的一种非传统型碱金属流体肿瘤消融治疗技术，其原理正是利用碱金属流体制剂与水接触时发生的强烈放热反应实现肿瘤高温消融治疗，该方法可确保高强度热量只在目标部位释放。这种类似于传统打针吃药的医学模式，使得肿瘤高温热化学消融治疗真正实现了微创，业界为此将其誉为“一个化学常识引发的颠覆性肿瘤治疗方法”。

长期以来，实现可在不同形态之间自由转换的可变形柔性智能机器，以执行常规技术难以完成的更为特殊高级的任务，一直是全球科学界与工程界的重大挑战，相应研究在军事、民用、医疗与科学探索中极具重大理论意义和应用前景。比如，在抗震救灾或军事行动中，此类机器人应能根据需要适时变形，以穿过狭小的通道、门缝乃至散布于建筑物中的空隙，之后再重新恢复原形并继续执行任务。事实上，在医学实践中，研制可沿血管包括人体腔道自由运动，以承担各种在体医学服务的柔性机器人，早已成为非常现实的科学目标。显然，在最为高级的机器人中，具备可变形性和柔性特征是极为关键的一环。一旦这样的技术得以实现，其对人类活动所做出的贡献，将远远超过现有的机器人。不过，由于受到来自材料，特别是技术理念的限制，有关科学研究尚处于积极的推进之中。

近年来，我国团队从全新途径出发，开创性地提出了突破传统技术理念的液态金属软体机器人思想，从材料、器件到系统等方面逐步构建出相应的理论与技术体系。比如，若采用空间架构的电极控制，可望将各种智能液体金属单元扩展到三维，以组装出具有特殊造型和可编程能力的仿生物或人形机器(图5)；甚至，在外太空探索中的微重力或无重力环境下，也可发展出对应的机器来执行相应任务。由于显著的科学突破性，有关发现引发全球范围持续广泛反响，被认为预示着软体机器人新时代的到来，液态金属机器人被列为国际机器人领域最具发展潜力的十大方向之一。迄今，机器人大多仍以一种刚体机器的形式发挥作用，这与自然界中人或动物有着平滑柔软的外表以及无缝的连接方式完全不同。液态金属机器的问世引申出了全新的可变形机器概念，将显著提速柔性智能机器人的研制进程。

在液态金属机器人的发展道路上，最令人震惊的莫过于自驱动液态金属机器效应的发现，此项工作首次揭示出自然界一种异常独特的现象和机制，即液态金属可在吞食少量物质后以可变形机器形态长时间高速运动，从而实现无需外部电力的自主运动，这为研制实用化智能马达、血管机器人、流体泵送系统、柔性执行器乃至更为复杂的液态金属机器人奠定了理论和技术基础。试验发现，置于电解液中的镓基液态合金可通过“摄入”铝作为食物或燃料提供能量，实现高速、高效的长时运转，一小片铝即可驱动直径约5毫米的液态金属球实现长达一个多小时的持续运动，速度高达每秒5厘米。这种柔性机器既可在自由空间运动，又能在各种结构槽道中蜿蜒前行；令人惊讶的是，它还可随沿程槽道的宽窄自行做出变形调整，遇到拐弯时则有所停顿，好似略作思索后继续行进，整个过程像极了科幻电影中的终结者机器人现身一般。应该说，液态金属机器一系列非同寻常的习性已相当接近一些自然界简单的软体生物，比如：能“吃”食物（燃料），自主运动，可变形，具备一定代谢功能（化学反应），因此科学家们将其命名为液态金属软体动物。这一人工机器的发明同时也引申出“如何定义生命”的问题。

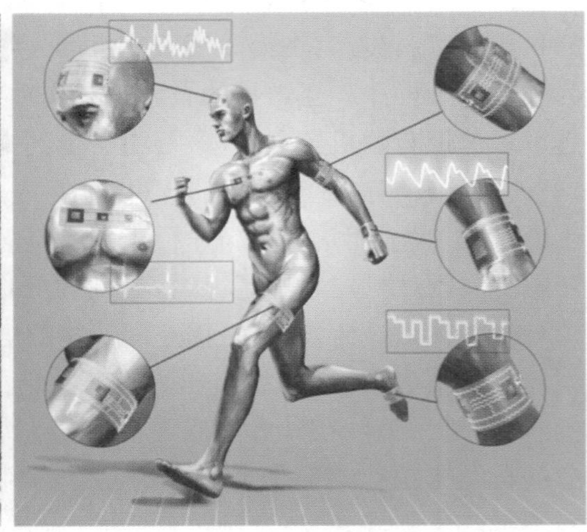

图5　构想中的液态金属机器人以及各种已趋现实的液态金属传感器

液态金属机器人的问世引申出了全新的可变形机器概念，将显著提速柔性智能机器的研制进程。当前，全球围绕先进机器人的研发活动正处于如火如荼的阶段，比如，美国国家自然科学基金会仅在2017年设立的单项软体机器人项目经费就高达2600万美元。不难预想，若能充分发挥液态金属所展示出的各种巨大优势和潜力，并结合相关技术，将引发诸多超越传统的机器变革。

迎接即将到来的液态金属时代

作为新兴的功能材料，液态金属及其衍生材料种类众多且在不断增长中，它们拥有许多常规材料不具备的属性，蕴藏着诸多以往从未被认识的新奇物理化学特性,这为大量科学与技术探索提供了丰富的研究空间。由于自身显著的多学科交叉特点,液态金属材料科学可以说已渗透到几乎所有自然科学与工程技术领域,甚至人文学科、文化创意、科幻影视行业。随着液态金属各种材料特性不断被认识以及新材料的持续创制,还将开启更多科学与应用的大门,人类将会迎来一个液态金属研究与应用大爆发的时代。

常温液态金属是中国在开创性基础发现与技术突破方面均处于显著优势的高新科技领域。在持续取得基础突破的同时,一个发端于中国的全新工业已然崛起。若能充分把握这一领域所赋予的历史机遇,我国可望对人类物质文明的推进做出自己应有的关键性贡献。近期,我们还欣喜地看到,全球范围内众多实验室纷纷涌入液态金属研究,这可从大量论文在短时间内的井喷式爆发看出,相信未来这一领域一定会精彩频出。当然,我们也应意识到,与液态金属自身巨大的发展空间相比,国内外前期业已开展的研究和应用尚属有限,仅仅处于早期。整个液态金属材料科学创新的大幕才刚刚拉开,这一领域蕴藏着的无限可能及无尽的前沿,呼唤着人类永无止境的追求和持续不断的探索。

以物质、能量、生物、信息为承载特征的液态金属材料科学,堪称催生突破性发现和技术变革的科技航母。"一类材料,一个时代",液态金属作为一大类特殊物质,已展示出引领和开拓未来科技的特质,正为有关领域的变革创造机遇。

让我们以更加积极进取的姿态去迎接液态金属时代的到来!

芯片材料

——信息时代强有力的“心”

杨　硕　于　瀛　梅永丰*

从口语传播到信息时代

人类的信息传播历史可以大致分为四种方式:“马上相逢无纸笔,凭君传语报平安”的口语传播,“烽火连三月,家书抵万金”的文字传播,到书籍、报纸、杂志承载信息传递的印刷传播时代,还有如今“没人上街,但不一定没人逛街”的电子传播。一个人的生命时长在历史的长河中是沧海一粟,但子子孙孙无穷尽也,一代代人的进步积沙成塔,古人无论如何也难以想象现代人的信息传递方式。“一骑红尘妃子笑,无人知是荔枝来”,即便是唐代贵妃级别的待遇,在现在看起来也不过尔尔,现代人只要打开手机轻轻一点击,鲜果当天就能送到家门口。但是你知道吗? 舒适发达的现代社会,离不开信息时代的强“心”——芯片材料。

从“小细胞”到强“心”脏

芯片(chip),又称集成电路(Integrated Circuit,缩写IC),在电子学中是一种把电路小型化的方式,并制造在半导体晶圆表面上,是计算机或其他电子设备的一部分(图1)。硅是最常见的芯片材料。

身处21世纪,没有人能拍着胸脯说自己的生活和芯片材料没有关系。芯片,听起来很高端,让人联想到说着各类专业名词的科学家,还有拥有各类先进仪器的高新科技园区。但实际上,芯片材料非常“亲民”,它是每个现

* 杨硕、于瀛、梅永丰,复旦大学材料科学系。

代人的得力助手和知心朋友。现代计算、信息传递、制造、交通系统、互联网，都依赖于芯片材料的存在。没有芯片材料的支持，我们的生活将一下子倒退近百年。芯片技术作为顶尖的科技，既能为企业吸收巨额利润，又能助力大国崛起，提升国家的国际话语权，是当之无愧的现代科技强“心”脏。

图1　芯片

芯片材料的发展日新月异，已经成为企业和国家发展的核心技术。自其诞生在不到100年前，并开始了从“小细胞”到强“心”脏的逆袭之旅。

图2　灯泡

1883年，举世闻名的发明大王爱迪生(Thomas Alva Edison)在研究灯泡寿命时，为延长灯泡寿命，通过在灯泡内封入一根铜线来阻止碳丝的蒸发(图2)。细心的爱迪生发现碳丝加热后，铜线存有微弱的电流通过，但铜线与碳丝并没有相互连接。这一现象引起了爱迪生的关注，并被称为“爱迪生效应”。1904年，马可尼无线电报公司的科学顾问约翰·安布罗斯·弗莱明(J. A. Fleming)预见到爱迪生效应的实用价值，并制造出第一只真空二极电子管，这标志着人类进入电子时代。

自1936年开始，贝尔实验室以威廉·肖克莱(W. Shockley)、沃特·布拉顿(W. Brattain)和约翰·巴顿(J. Bardeen)为核心的7人研究小组，经过十余年不懈努力，经历了无数次实验失败后，终于在1947年12月23日发明了世界上第一个基于锗半导体的具有电流和电压放大功能的点接触晶体管。晶体管是半导体做的固体电子元件，而硅和锗是最常见的半导体材料。小尺寸、低能耗、性能稳定的晶体管是电子学的第二次重大技术突破，使电子设备发生了革命性的变化，三位科学家也因此获得了1956年诺贝尔物理学奖。

第一块集成电路诞生后，芯片产业迅速增值，为具有各类功能电子产品的发展开辟了道路。正是因为芯片催生了微处理器，计算机才能得到普及，最终“飞”入寻常百姓家。相比最初一个双极性晶体管、三个电阻和一个电容器的规模，现在已经形成了拥有上亿个晶体管的极大规模集成电路。基尔比(完成世界上第一个简陋芯片)于2005年去世时，集成电路已成为全球最大的产业。芯片材料真正完成了从“小细胞”到强“芯”脏的逆袭之路。

从沙子到芯片材料

作为芯片的基础材料，硅是一种半导体，可以通过引入少量杂质的方法调节其导电性。晶圆是制作硅半导体集成电路使用的硅晶片，常用的硅晶片是将直拉法生产的硅单晶棒切片得到，因此形状为圆形，被称为晶圆(图3)。

图3　晶圆

晶圆的原始材料是硅，而硅是地壳中第二丰富的元素，普通的沙子中就有很高的硅含量，因此可以说，地壳表面有取之不尽、用之不竭的硅。那么，硅究竟是如何从不起眼的沙子一跃成为核心技术的强“心”脏呢?

其实，硅晶圆的制造有硅提炼及提纯、单晶硅生长、晶圆成型三大步骤。

首先，将沙子的主要成分二氧化硅经过电弧炉提炼、盐酸氯化，再经蒸馏后，得到高纯度的电子级硅，即多晶硅。由于多晶硅中会含有微量的杂质影响它的导电性，因此还需要经过进一步纯化得到单晶硅，才能用于制作芯片。

常用的单晶硅生长方法为直拉法，将高纯度的多晶硅放入石英坩埚内加热熔化，坩埚带着多晶硅熔化物旋转，将一颗固定在拉制棒上的籽晶浸入作为引子，由拉制棒带着籽晶作反方向旋转，待籽晶与多晶硅熔化物浸润后，慢慢地、垂直地向上拉出籽晶。熔化的多晶硅会按照籽晶晶格排列的方向不断生长，就产生了单晶硅柱。单晶硅柱的直径取决于直拉的速度和旋转速度等因素，一般来说，上拉速率越慢，生长的单晶硅柱直径越大。

将提纯生长后的单晶硅柱进行切段、滚磨、切片、倒角、抛光、激光刻、包装等工艺处理后，就得到了芯片的基础——晶圆。晶圆的制造工艺要求非常严格，晶格排列稍有缺陷，就会影响晶圆的质量，导致残次品的出现。

集成电路芯片就是将设计好的电路图通过光刻技术复制在硅晶圆这个基底上以后再切割封装而成。当芯片面积不变时，晶圆直径越大，一个晶圆上能生产的芯片就越多，从而可以降低芯片的生产成本。目前应用较广泛的硅晶圆直径尺寸为8寸(200毫米)和12寸(30毫米)。但是，在满足芯片小尺寸要求的同时还要保证晶圆自身的强度，晶圆的厚度一般在1毫米以上。为保证晶圆强度，晶圆的直径越大，厚度也会增加，意味着芯片厚度的增大，这不符合芯片尺寸小型化的发展需求。此外，晶圆生产过程中，离晶圆中心越远越容易出现缺陷点的特性限制了晶圆尺寸的增加。也就是说，从晶圆中心沿半径方向扩展，缺陷点越来越多，不能达到芯片的生产要求。因此，虽然硅晶圆尺寸越大芯片生产成本越低，但制备大尺寸硅晶圆的技术要求和生产成本也越高。

妙手“造心”的光刻技术

制作芯片的过程极其复杂精细，一颗芯片的制备就要涉及2000多道工序，刻蚀线宽已经达到纳米级别。那么，究竟是谁有巧夺天工的妙手，能够把设计好的电路图和电子元器件印刻在晶圆上形成芯片呢?

拥有一双造"心"妙手的大师名为"光刻"。光刻的作用类似于照相，只是照相机把拍摄的照片印在底片上，而光刻把在掩膜版上设计好的电路图及其他电子元器件按要求的位置微缩在晶圆上。光刻是芯片制造中最重要的加工工艺，在整个芯片制造工艺中，几乎每个工艺的实施都离不开光刻的技术，芯片各功能层像盖房子一样立体重叠，因而光刻工艺总是多次反复进行，大规模集成电路要经过约十次光刻才能完成各层图形的全部传递。光刻也是制造芯片最关键的技术，占芯片制造成本的35%以上，光刻的分辨率直接关系到芯片制造的关键尺寸。

光刻主要包括硅片预处理、匀胶、前烘、曝光、后烘、显影、腐蚀、去胶等一系列生产步骤。衬底预处理主要是为了清洁硅片表面，去除污染物和颗粒，减少针孔和其他缺陷，增强光刻胶和硅片的黏附性。接着通过旋转涂布的方式，利用离心力让光刻胶在晶圆上均匀分布。光刻胶涂覆的质量直接影响到后续制备器件的品质，同一个样品的胶厚均匀性和不同样品间的胶厚一致性不应超过5纳米。常规光刻胶涂布工序中需要考虑滴胶速度、滴胶量、转速、环境温度和湿度等因素的稳定性。再通过前烘(也称为软烘)蒸发光刻胶膜中的溶剂，增强光刻胶的黏附性和机械强度。

接下来到了关键的步骤:曝光。在介绍曝光前，需要对光刻胶曝光原理有基本了解。光刻胶，又称光致抗蚀剂，顾名思义，光刻胶对于某些频率的光十分敏感，同时也可以抵抗后续步骤中所用到的化学物质的腐蚀。光刻胶分为正胶和负胶。如果光刻胶曝光的部分溶解于显影液，则显影后留下的图形与掩膜版相同，称为正胶(图4);如果光刻胶曝光的部分不溶于显影液，则显影后留下的图形与掩膜版相反，称为负胶。

所谓的掩膜版，是指科学家为了实现光刻技术所研制出来一块带有图案的板材，它的奇特之处在于板上只有图案部分是透明的，其他地方光无法通过，在玻璃基板上镀铬膜是一种常见的掩膜版。光透过掩膜版上设计的透明部分照射正胶后，邻叠氮醌类正胶分子结构重新排列，产生环收缩，在碱性的显影液中生成可溶性羟酸盐。经过曝光部分的正胶被洗去，留下的光刻胶与掩膜版图形相同。为了使光刻胶的性质更稳定，显影后通过后烘(也称为坚膜)去除显影后胶膜内残留的溶液，增加胶膜与衬底间的黏附性，使光刻胶更致密，同时提高光刻胶在随后刻蚀过程中的抗蚀能力。

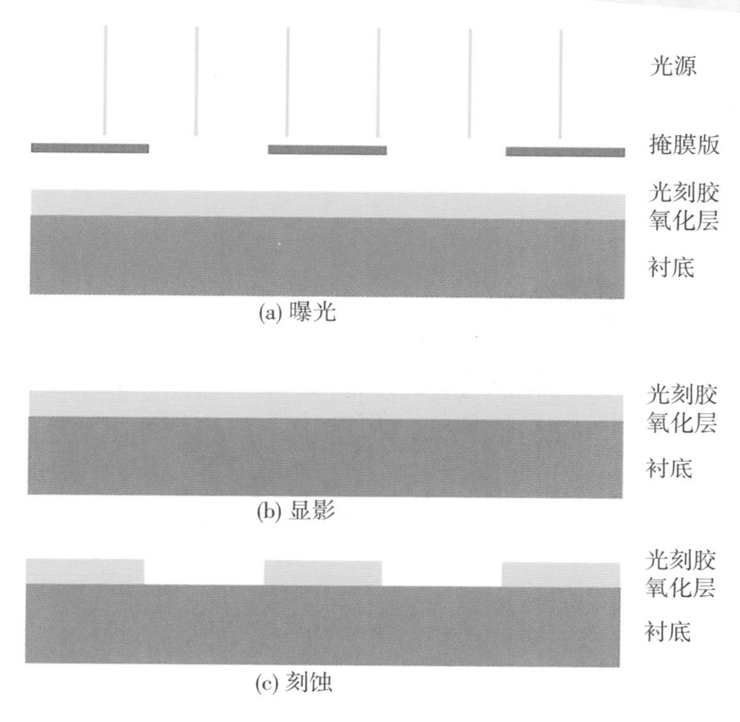

(a) 曝光

(b) 显影

(c) 刻蚀

图4 光刻示意图（正胶）

接着进行刻蚀，刻蚀是芯片制造中利用化学途径选择性地移除沉积层特定部分的工艺。刻蚀过程中如果出现失误，将导致硅片不可逆的报废。芯片制造过程中的每一层都会经历多个刻蚀步骤。没有光刻胶保护的衬底会被刻蚀出沟槽，有光刻胶保护的部分"完璧归赵"。因此，刻蚀完毕后，去除光刻胶，原本平整的硅片上被刻蚀出和掩膜版一样的图形，光刻大师就这样给电路图在晶圆上"拍"了一张照片。

光刻的原理简单易懂，但实际上光刻的质量受光刻环境的清洁度、温度、湿度，曝光源，光刻胶分辨率，曝光方式等诸多因素的影响。光刻确定了器件的关键尺寸，光刻过程中的错误可造成图形歪曲或套准不好，最终可转化为对器件的电特性产生影响。目前全球光刻机市场，以荷兰、日本的企业为主力军，全球能制造出光刻机的企业不足百家，能造出顶尖光刻机的不足5家，顶级光刻机一年产销不过18台，一台就要一亿欧元，因此光刻当之无愧是核心技术中的核心技术。

经过光刻、离子注入、刻蚀、气相淀积等步骤完成芯片制作后，还需要把芯片从晶圆上一块块地切割下来。又薄又小的芯片就像一个脆弱的单细胞，需要通过封装来保护它。如图5所示，通过给芯片穿上“塑料外衣”加以保护，再通过两侧的金属引脚将芯片与外部电路连接，就是封装的主要步骤。封装完成后，就进入测试阶段，检测封装完的芯片能否正常工作，确认无误后便可出货给组装厂，做成我们常见的电子产品。

图5　芯片封装

造出强悍中国“心”

近年来中国的芯片材料奋起直追、发展势头迅猛，但与国际领先水平仍有着短期内难以消除的明显差距。国际核心技术的封锁与竞争催促着中国芯片材料发展小步快走达到领先水平，但芯片是一个“吃力不讨好”的高门槛产业，需要强大的技术实力、长期持续地投入巨额资金和精力，并且投入和产出在短时间内不成正比，未来收益不可预期，不可能一蹴而就。

经过震惊全国的中兴制裁案，中国已经清醒地意识到仅仅靠走捷径、靠买好用的“洋货”却没有掌握核心技术背后巨大的风险。一旦情况有变，我们就会因为一颗小芯片被别人卡住喉咙，被断了粮食。尽管芯片材料需要巨额投入，但中国必须站起来，减少对外国的依赖，保持战略定力，把核心技术的命门牢牢掌握在自己手中，将芯片材料从竞争的“软肋”变为“利器”。

尽管造芯路漫漫其修远兮，但中国在芯片材料领域的发展速度极快，正在大力实施的“中国制造2025”也成为行业发展的加速器。在芯片设备生产方面，经全球最大的晶圆代工厂台积电验证，上海的中微半导体已成功研发出5纳米等离子刻蚀机，具备国际领先水平，将被用于全球首条5纳米工艺制程生产线。在芯片设计方面，令国人感到骄傲的华为，更是默默无闻地在芯片行业耕耘了近30年，终于打磨出海思芯片(图6)。海思芯片除了在智能手机中的应用，处理器还在安防领域大有作为，截至2017年，已经占有全球安防市场份额的90%。2018年华为发布的7纳米麒麟980处理器芯片创造了6个世界第一，未来华为还会采用国产先进刻蚀机生产5纳米的麒麟处理器芯片。2019年1月，国际知名咨询机构Gartner发布2018年全球半导体营收和25强榜单，海思半导体排名第21位，再次让国人为之振奋。

图6　华为海思芯片

华为海思耀眼的成绩，不仅给国内企业做出示范，更给中国打了一针强"心"剂。但我们也必须清醒地认识到25强名单中中国海思一枝独秀，既肯定了中国芯片设计业的奋起直追，也一针见血地指出中国芯片产业整体上的势单力薄。中国政府和企业必须要有十年磨一剑的恒心和毅力，有坐冷板凳耐得住寂寞、受得住委屈的定力和积累，做到"抓铁有痕，踏石有印"，一步步夯实基础，经过全方位的打磨，才能有一颗强悍的中国"心"。

微纳机器人

——于细微处见神奇

林心怡　于　瀛　梅永丰*

从想象与自然出发：神奇的微纳机器人

你有没有幻想过，用哆啦A梦的缩小隧道，将自己变小，一探神奇的迷你世界？或者有没有幻想过，肉眼看不见的微小的手术机器人(图1)，能进入人体治疗疾病？早在1966年，科幻电影《奇异之旅》凭借大胆新奇的剧情红极一时。影片描述了5位医生缩小成微米人，被注射进人体，拯救生命垂危的科学家的冒险故事，表达了当时人们对微纳机器人未来用于医疗等领域的期待。

图1　微纳“小医生”

*　林心怡、于瀛、梅永丰，复旦大学材料科学系。

想象与好奇永远是科学研究的助推器。从细胞到分子、原子，随着对微纳世界的不断认识，科学家们发现：原来在生物体中就有天然的微纳“机器人”！举个例子：生物体细胞内有一大类名为驱动蛋白的蛋白质大分子，它们能利用细胞的能量“通货”ATP(三磷酸腺苷)水解释放的能量驱动自身，沿着特定的轨道运输货物分子。如图2所示，驱动蛋白就像搬运工一样，它们的一端有两只“手”抓住货物，另一端有两只“脚”踩在微管上，沿着微管行走，最后运输“货物”分子到目的地。

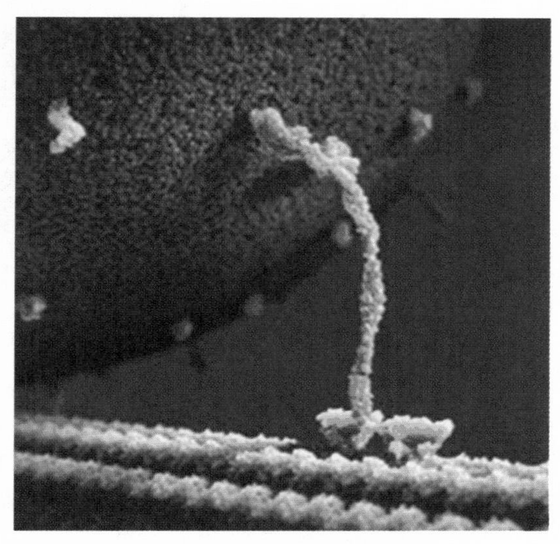

图2　驱动蛋白沿着微管运输货物

那么人们能不能制造出如同驱动蛋白一样的、将其他能量转化为自身运动能量的微纳机器人呢？随着对微纳尺度物体运动方式等研究的深入，人们了解到：微纳尺寸物体在水中的运动与宏观尺寸物体在水中的运动有很大不同。第一个不同在于惯性力与黏滞力的比值比较小，微纳马达在溶液中运动就宛若人在胶水中运动一样困难。为了克服较大的黏滞力，就需要微纳尺寸物体能够有持续的推动力。第二个不同在于微纳物体受液体分子的无规则运动(布朗运动)的影响很大，很容易就像随波逐流的落叶一样无法随心所欲地运动。为了尽量不受布朗运动的影响，我们还要能控制微纳物体的运动。逐渐地，运用这些认知尝试创造微纳机器人的条件成熟起来了。终于，在2004年，科学家们研制出金-铂(Au-Pt)双金属纳米线，如图3所示。当金-铂(Au-Pt)双金属纳米线被放入过氧化氢(H_2O_2)中时，过氧化氢(H_2O_2)在铂(Pt)端被催化氧化,失去电子,电子从铂(Pt)端跑到金(Au)端,并在金(Au)端将溶液中的氢离子(H^+)还原成氢气(H_2)。当电子往金(Au)端运动时,会吸引着带正电的氢离子(H^+)也流向金(Au)这一侧,进而推动纳米线朝着铂(Pt)这一端运动。这种微纳机器人成功将过氧化氢的化学能转换为自身的动能,推动自身运动——这标志着人们对微纳机器人材料的研究真正拉开了序幕。

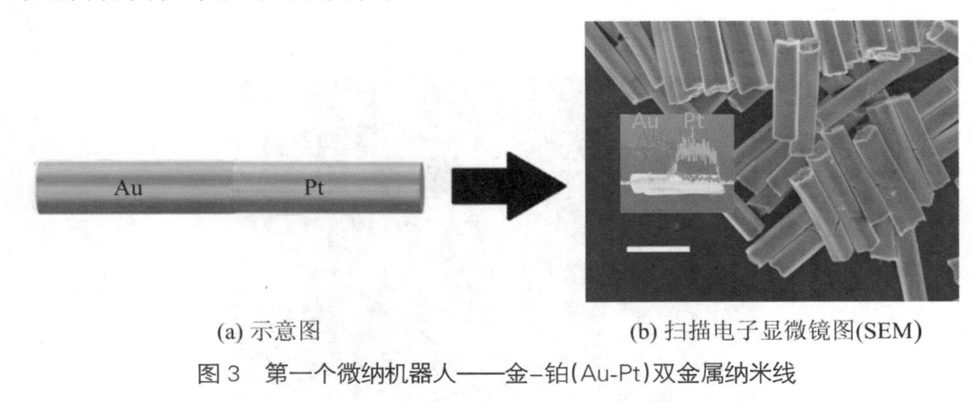

(a) 示意图　　(b) 扫描电子显微镜图(SEM)

图3　第一个微纳机器人——金-铂(Au-Pt)双金属纳米线

认识微纳机器人大家族

1. 微纳机器人的定义

微纳机器人,又称微纳马达。那么究竟什么是微纳机器人呢?让我们严谨一些去定义它:微纳机器人是能将外界能量(化学能、光能、磁能、声能等)转化为自身机械能,使自身完成特定运动(比如旋转、螺旋形运动,以特定路线运输货物等)的微米/纳米尺寸器件。用更简单的话来描述,就是外界给予微纳机器人所需的能量时,微纳机器人会将外部能量转化为自己的动能,按照人们预先设计的方式运动,并完成相应的任务。打个比方:我们每天都要吃饭,把不同种类食物的能量转化为自身运动的能量,才有力气从家里到学校或者公司。我们也有不同的运动方式:可以走路、跑步或骑车。这与微纳机器人接收外部不同种类的能量,并转换成自身运动的能量,实现不同的运动方式,最后完成不同的任务有异曲同工之妙。

2. 微纳机器人/马达的分类

那我们如何对微纳机器人大家族进行分类呢?其实有很多种分类方式,比如按形状分,有线形、球形、管状、圆盘形等(图4)。

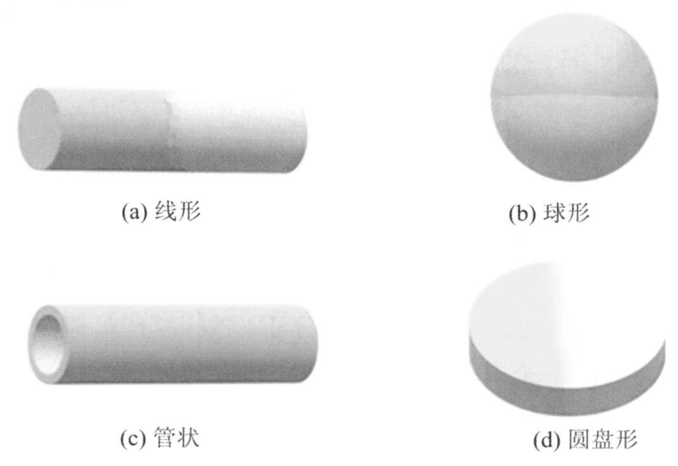

图4 不同形状的微纳机器人

但更经常地，我们通过驱动微纳机器人的能量性质将其划分为四大类：以化学反应提供的化学能为能源的化学驱动微纳机器人；以外加的物理刺激（紫外光或红外光、超声波、电流、磁场）为能源的物理驱动微纳机器人；以生物材料作为驱动器的生物驱动微纳机器人——带有鞭毛能游动的细菌就是一种很好的生物驱动材料；还有混合动力驱动微纳机器人——比如既能化学驱动，又能物理驱动。

3. 微纳机器人/马达运动的机理与调控

微纳机器人接收不同的能源，将这些能源转换为机械能的过程相对比较复杂。其中一种将外界能量转化为自身机械能的方法是形成梯度场。当微纳机器人接触的外部环境条件均匀时，它可以通过自身的物理非对称或者在它表面发生的化学反应的不对称，形成一个梯度场（浓度梯度场、电梯度场、热梯度场、压力梯度场等）。不妨想象一个斜坡，放在坡顶的球会滚落到坡底。这里的"斜坡"相当于梯度场，"球"相当于处于梯度场的分子、离子。微纳机器人周围的水分子或者其他分子、离子由于这个梯度场的存在，都会从梯度高的地方跑到梯度低的地方，无数的小分子、离子的运动带动了微纳机器人的运动。还有一种将外界能量转化为自身动能的方法，就是让微纳机器人催化加快诸如过氧化氢分解产生气泡的化学反应，通过气泡推动微纳机器人运动。当然，驱动机理繁多，不可尽数。

也许你会问，虽然我们能通过给予微纳机器人能量，让微纳机器人运动，但是我们能控制微纳机器人的速度，或是让它们随时停下来吗？答案是肯定的。对于化学驱动型微纳机器人，我们可以通过调节化学“燃料”的浓度，来调控微纳机器人的速度；对于超声驱动型微纳机器人，我们可以通过施加超声波与否、施加超声波的强弱来控制微纳机器人的启动与停止；对于光驱动型微纳机器人，类似地，我们可以通过调节光的强弱与有无，来“指挥”微纳机器人前进或者原地待命。

细看微纳机器人——了解微纳机器人材料

根据不同能量驱动的分类方式，我们可以选择相应的微纳机器人材料。微纳机器人通常并不是由单一的一种材料制得的，一般至少由两种或两种以上不同的材料经过加工，实现各自的功能。为了实现不同外界能量向机械能的转换，我们设计微纳机器人时要选择相应的能对特定能量刺激做出响应的功能材料，即微纳机器人材料。能被用于制备成微纳机器人的材料涉及金属材料、生物医用材料、磁性材料、热致形变材料、光致形变材料等，种类繁多，集百家之长。不妨让我们管中窥豹，认识几种常见的用于制造微纳机器人的材料吧！

1．化学驱动“小助手”——金属材料

化学驱动微纳机器人通过将化学溶液中的化学能转换为机械能来运动。通常用的化学溶液是过氧化氢溶液或水。大多数情况下，为了让微纳机器人运动，我们需要能够催化分解过氧化氢或者水生成气泡的材料（催化作用在这里指的是加快化学反应的速度），或者是能直接与化学溶液反应的材料。通常用一些金属材料来达到这两种目的之一。

第一类金属材料是能作为催化剂，自身不反应，只起到加快化学溶液反应的作用。以过氧化氢为化学燃料，比如图5所示的Janus小球。Janus是古罗马中看守门的神，他在相反方向具有两个不同面孔，引申为小球的两半是由不同材料所组成的。这里用到了两种典型的微纳机器人材料。其中一种是作为催化剂的金属铂（Pt），另一种是水凝胶材料，由于金属铂（Pt）对过氧化氢溶液（H_2O_2）具有催化分解作用。根据化学反应式

$$2H_2O_2 \xrightarrow{Pt} 2H_2O + O_2 \uparrow$$

过氧化氢（H_2O_2）在金属铂（Pt）的催化下生成许多氧气（O_2），而只有有铂的一半能产生氧气气泡，另一半不产生气泡，在不均匀地受力下，小球就能向前游动了。

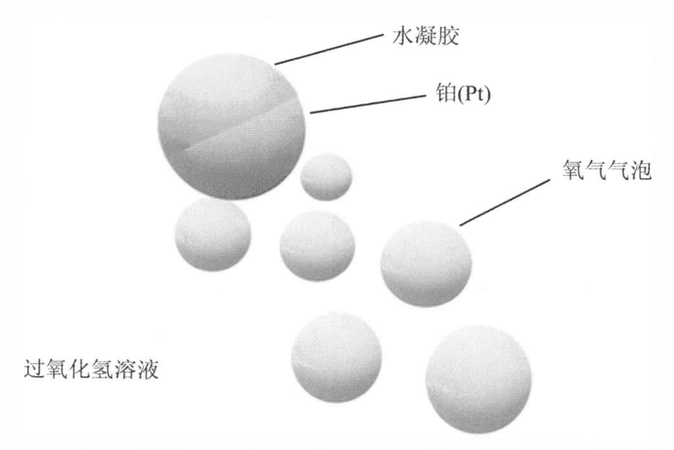

图5　Janus水凝胶-金属Pt微纳机器人通过产生氧气气泡游动

不仅铂(Pt)能作为催化剂用于微纳机器人中,诸如金属银(Ag)、氧化物二氧化锰(MnO_2)等也能起到相似的催化作用而被作为化学驱动型微纳机器人材料。

第二类金属材料会与化学溶液进行反应,反应过程中金属自身也会被逐渐消耗,典型代表是锌(Zn)和镁(Mg)。以聚苯胺(PANI)/锌(Zn)管状微纳机器人为例,如图6所示,管状机器人内部是金属锌(Zn)层,在强酸性溶液中,锌(Zn)会与酸性溶液中的氢离子(H^+)反应,生成氢气(H_2)气泡,进而推动机器人运动。使用这类金属材料的好处是,由于反应剧烈,氢气气泡生成速率快,推动力强,微纳马达速度可以非常快。另外,锌(Zn)作为人体的微量营养元素,本身也是无毒的,具有生物相容性。

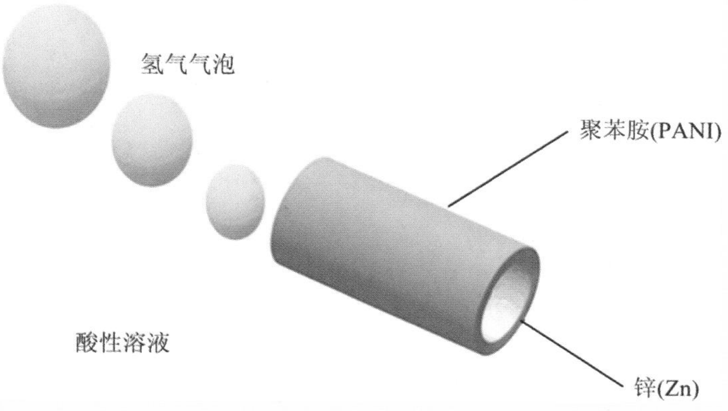

图6　聚苯胺(PANI)/锌(Zn)微纳机器人在强酸溶液中运动

2. 极具生物亲和性的水凝胶材料

水凝胶是一种极具生物亲和性的三维材料，能吸收大量的水并且不变形。水凝胶可以分为传统型水凝胶和智能水凝胶。智能水凝胶是会对外界刺激(比如温度、酸碱度等)做出响应的一种水凝胶。科学家们就会思考，既然有些水凝胶能对外界刺激做出反应，是不是能将其应用在微纳机器人上，作为驱动的关键部分呢?

其中有一种温度响应型的水凝胶名为聚异丙基丙烯酰胺(PNIPAAm)，它能在33 ℃时发生变化：外界温度高于33 ℃，它的吸水量就会下降。当温度从低于33 ℃到高于33 ℃变化时，由于吸水量下降，水凝胶体积也会有所减小。由于33 ℃接近人体温度，作为温度敏感型水凝胶，PNIPAAm一直是近年来受到科学家们关注的热点微纳机器人材料，也被做成Janus球状、管状的微纳机器人加以应用。

可以说，用诸如水凝胶这样具有生物亲和性的材料制备微纳机器人，是如今研究的一大趋势所在。

3. 掌控微纳机器人方向的“小舵手”——磁性材料

到目前为止，控制微纳机器人运动方向最常用的方法有磁场控制、超声控制、电控制、光控制。其中通过外加磁场控制微纳机器人的运动，就需要磁性材料。科学家们用不同方法将铁(Fe)、钴(Co)、镍(Ni)、纳米四氧化三铁(Fe_3O_4)等引入微纳机器人中，并通过外加磁场实现对多种微纳机器人的精确控制。

如图7所示，这是一个由铂(Pt)、金(Au)、铁(Fe)、钛(Ti)四种材料卷曲成管状的微米机器人。其中铁(Fe)是磁性材料，能够对磁场变化做出响应。通过改变外加磁场，该管状微米机器人能够完成直行、拐弯、螺旋前行、原地画圆等一系列灵活的动作。

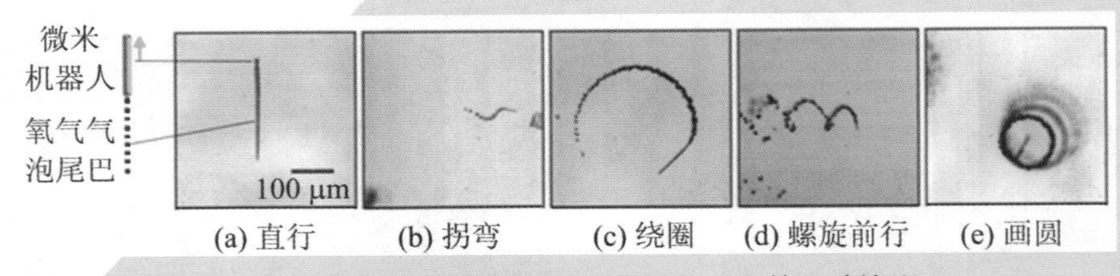

图7　通过磁场精确控制管状微纳机器人的运动轨迹

微纳机器人的“用武之地”

微纳机器人虽然个头小，本领可不小。十几年来，科学家们已经探索了不同微纳机器人在生物医学、环境治理、显微成像等领域的应用。我们不妨来看看微纳机器人是如何在各自的领域“大展身手”的吧！

1．生物医疗领域的“小医生”

（1）**药物靶向运输**。药物靶向运输是近年来兴起的名词，想必你也一定不会陌生。药物靶向运输指的是通过载体可控地将药物定向运输到患处（图8）。这种治疗方式能够解决传统药物治疗的一些缺陷，比如能降低药物对全身引起的毒副作用，提高疗效等。在医疗人员的精确控制下，微纳米机器人能作为运输药物的“汽车”，通过血管将药物直接运送到病变组织。

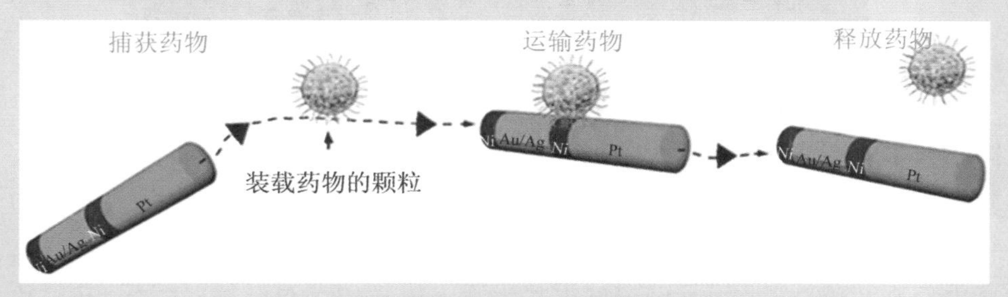

图8　微纳机器人定向运输药物的示意图

举个例子，血栓是中老年人常患的一种疾病，这种病会使血管阻塞，血流不通畅。有一种常用来治疗血栓的药，名为纤溶酶原激活剂t-PA。但这种药有致命的缺点：在溶解血栓的时候，会在身体内扩散，导致颅内出血等严重副作用的产生。科学家们就利用微纳机器人精确运输药物的优点，用磁场来控制装载有t-PA的微纳机器人运动，使其精确运动到血栓处，实现局部给药。

（2）**细胞、蛋白质、核酸的识别、捕获与运输**。一个人的相貌与声音几乎是独一无二的。我们能认出熟人，往往是通过观察他们的这些特征来分辨的。但是细胞、蛋白质之间又是如何相认的呢？原来在细胞的表面，有许多的“接收天线”——受体，一种受体能对应认出一种细胞或者蛋白质。这些“接收天线”认出相应的物质后，细胞就会做出对应的反应。这和我们看到认识的人会选择打招呼是一个道理。受此启发，科学家们将需要的“接收天线”安装到微纳机器人的表面，来识别细胞、蛋白质或者核酸，进而将它们捕获并进行运输(图9)。

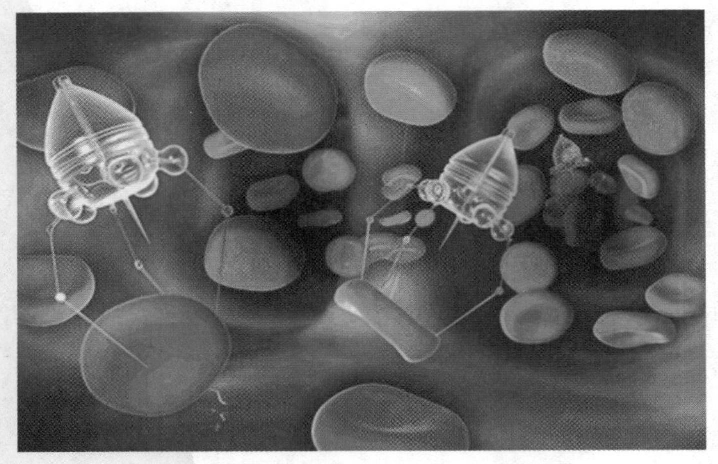

图9　微纳机器人识别并捕获红细胞概念图

(3) **纳米手术**。随着对微纳机器人研究的深入，研究者们不再满足于微纳机器人单纯运输货物或是识别、运载分子、细胞，而是想将微纳机器人应用于微创手术中。他们研究的第一步，就是希望能用微纳机器人对生物组织进行切割或刺穿。比如图10所示的微纳管状机器人，其一端是尖的，在外加旋转磁场的控制下，微纳管状机器人用其尖端对准猪肝组织，并旋转推进，成功地刺穿了猪肝组织。然而要发展到真正能控制微纳机器人完成复杂精细的手术，还是漫漫长征路。

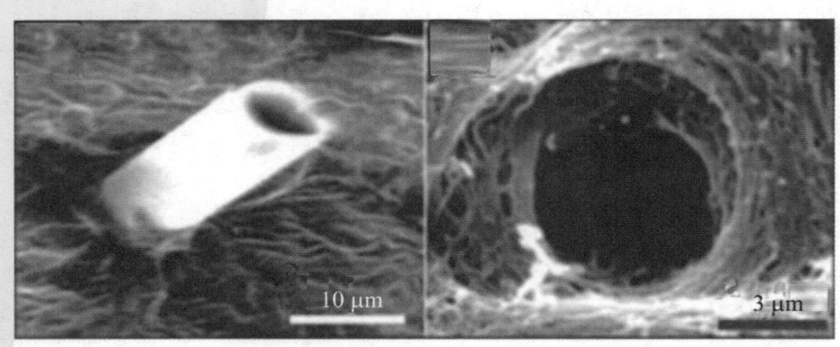

(a) 微纳机器人作为钻头钻入猪肝组织　　(b) 猪肝组织被刺穿

图10　扫描电子显微镜图(SEM)

2. 监测与修复环境的“小卫士”

时至今日，环境问题日益严峻。就水资源而言，淡水资源只占地球水资源的2%，而能被人们利用的淡水资源仅占地球水资源的0.3‰。在这种严峻的情况下，仍有大量水体被污染。然而，现有的水质检测技术对痕量（<0.01%）的污染物或是新型的污染物没法进行有效的检测和处理。因此，需要发展出具有针对性、多功能的水质检测与处理方法。微纳机器人由于运动速度与外界环境密切相关、通过运动能与反应物充分接触等特点，在自动追踪、隔离和降解污染物或屏蔽有毒、有害物质方面广受研究。

那么微纳机器人是怎么检测有毒物质的呢？简单来说，有些痕量重金属离子能加速特定微纳机器人的运动，而微纳机器人运动速度的加快，可以被人们检测出来，进而人们可以知道水体里含有这类痕量的重金属元素。比如我们最初提到的金（Au）/铂（Pt）管状微纳机器人，它能在有痕量银离子（Ag^{+}）的溶液中加快运动速度。

微纳机器人又是如何处理一些特定的污染物的呢？让我们认识两种微纳机器人处理污染物的方法吧。第一种方式是吸附，是物理作用。我们都知道，活性炭是外观为黑色、内部空隙结构发达、具有强吸附性的一种炭材料。当微纳机器人中有活性炭材料时，活性炭可以有效吸附一些重金属、有机磷神经毒剂等污染物。第二种方式则是通过光催化降解，是化学作用。光催化降解就是指在有光照、有能加快反应的光催化剂下，有机污染物能被分解成无害的无机物的过程。微纳机器人提供诸如纳米二氧化钛（TiO_2）等催化剂，能在有光的条件下加快有机污染物分解。说出来你可能会大吃一惊，到目前为止，科学家们已经发现超过3000种的有机污染物能在光照的条件下，通过纳米二氧化钛（TiO_2）或者纳米氧化锌（ZnO）迅速分解了！

未来之星——微纳机器人的发展前景

总而言之，微纳机器人能够化外界能量为自己的动力。根据微纳机器人的用途，研究人员选择不同的材料，将这些材料加工成特定形状的微纳机器人，并执行相应任务。

也许你会好奇，微纳机器人如果真的那么有用，为什么好像不曾在生活中真正看到医生往病人体中注射微纳机器人？为什么好像不曾在生活中真正看到水质监测工作者用到微纳机器人呢？微纳机器人的诞生至今不过短短十几年时间，目前科学家们正在探索其在各方面的用途。然而从科学研究到实际应用，微纳机器人还要走多久呢？我们一方面要正视现实应用中复杂的环境：人体中存在血液循环，血液是流动的，如何在复杂的血流中实现微纳机器人的精准控制？虽然现阶段已经成功实现了体外和小鼠体内的定向给药试验，但这到临床还需很长一段时间。如果用磁场，那么磁场会同时使多个磁控微纳机器人做相同运动，如何区分并远程控制多个微纳机器人做不同任务？在监测与改善水质这块，微纳机器人成本尚且高昂，如何能与成熟健全的传统水质监测与改善方法相抗衡？实际应用中需要思考的问题不胜枚举。

但是更重要的是，我们要看到微纳机器人广阔而明媚的未来。研制完全生物可相容、完全智能化的微纳机器人是未来的发展方向。"中国制造2025"计划激励科研成果的产业化，虽然微纳机器人研究领域还相当年轻，但我们有理由相信，不久的将来，微纳机器人能像电影里那样，成为"智能小医生"。

操纵光子的神奇材料
——光子晶体

李明珠　宋延林*

20世纪50年代，从明朝定陵出土了一件万历皇帝的“织金孔雀羽团龙妆花纱织成袍料”。经过修复，薄纱上的龙纹金翠交辉，栩栩如生。曹雪芹在《红楼梦》里有“勇晴雯夜补孔雀裘”的描写。“织金孔雀羽”和“孔雀裘”都具有色彩斑斓、令人赏心悦目的特点。在自然界中，不单单是孔雀的羽毛色彩闪亮并且永不褪色，还有很多动物、昆虫甚至是植物也拥有这样神奇的色彩和功能，例如蝴蝶翅膀的斑斓色彩、鹦鹉漂亮的羽毛、游鱼闪光的鳞片、甲虫美丽的外壳以及伪装高手变色龙等，如图1所示。这些都是自然界中光子晶体的神奇表现。那么什么是光子晶体呢？

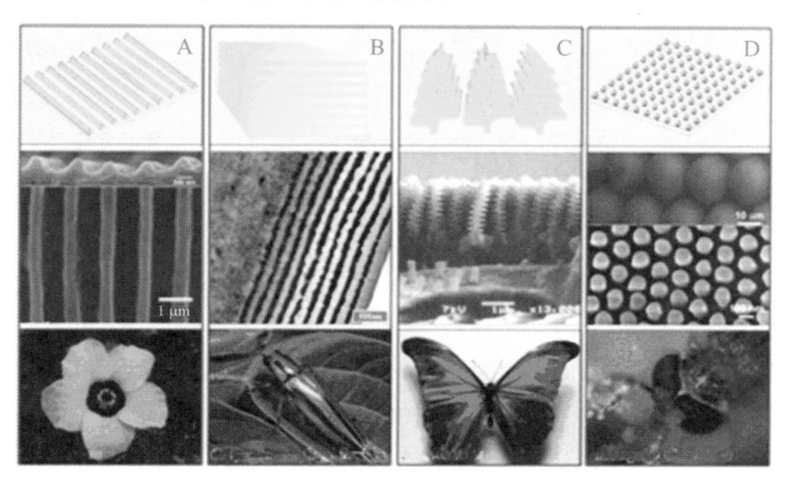

图1　自然界中的光子晶体及其微观结构

* 李明珠、宋延林，中国科学院化学研究所。

20世纪70年代,物理学家已经发现半导体中电子的运动受晶格周期性势场的影响而形成能隙,导致电子的色散关系呈带状分布,此即众所周知的电子能带结构。1987年,E. Yablonovitch及S. John指出类似的现象也存在于光子系统中:在介电系数呈周期性排列的介电材料中,某些波段的电磁波强度会因破坏性干涉而呈指数衰减,无法在系统内传递,相当于在频谱上形成能隙,于是色散关系也具有带状结构,此即所谓的光子能带结构。具有光子能带结构的介电物质,就称为光子能隙材料,或称为光子晶体(图2)。光子晶体的很多概念是在半导体理论的基础上提出的,因此,光子晶体又被称为“光半导体”。光子晶体(又称光子禁带材料)的出现,使人们操纵和控制光子的梦想成为可能。1999年,《科学》杂志更是将光子晶体的研究成果列入了当年的十大科技成就之一。随后科学家们围绕着光子禁带以及光子晶体的带边效应,发现了许多新奇的物理现象和潜在应用,光子晶体作为一个新的科学研究领域开始快速发展。

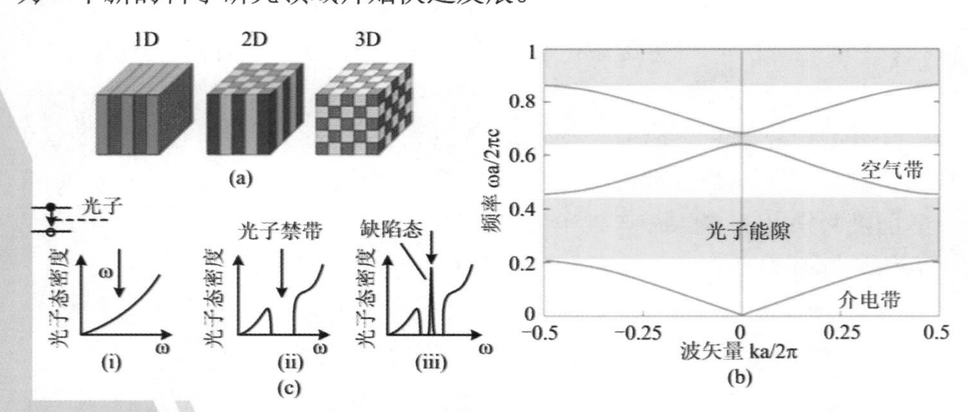

图2 (a) 一维、二维、三维光子晶体的结构示意图;(b) 典型的光子晶体的光子带隙示意图;(c) 光子禁带对自发辐射的影响:(i) 自由空间中,(ii)在光子晶体中自发辐射被抑制,(iii)在有缺陷的光子晶体中自发辐射被增强

光子晶体根据介电材料空间分布的特点,可分为一维(1D)光子晶体、二维(2D)光子晶体和三维(3D)光子晶体,如图2(a)所示。光子晶体的介电常数具有空间上的周期性,因而它对光的折射同样有周期性分布,光的色散曲线也呈现出周期性。这种特殊的结构使光子晶体具有光子带隙和光子局域等物理特性,可用于增强光和物质的相互作用,比如慢光效应、谐振腔共振效应等。

光子晶体最基本的性质就是具有光子禁带,如图2(b)所示。光子禁带主要取决于光子晶体的三个因素:① 两种介质的介电常数(折射率)差;② 介质的填充率比;③ 晶格结构。介电常数差越大越容易出现光子禁带。光子带隙分为完全光子带隙和不完全光子带隙:完全光子带隙是指一定频率范围内,任何偏振与传播方向的光都被严格禁止传播;不完全光子带隙则允许某些特定传播方向的光可以传播。如果光子的频率落在完全带隙内,则此频率的光在该光子晶体中沿任何方向都不能传播,即完全光子禁带。所以,光子带隙频率范围内的光不能透过光子晶体,而被全部反射。光子晶体可以选择光子的频率,在可见光区就表现为不同的颜色。

从光子晶体带隙对光的选择性反射出发,人们发现自然界的很多结构色彩都来源于光子晶体微结构,孔雀羽毛就是其中的代表。见过孔雀开屏的朋友们一定会被孔雀那张开的尾羽上色彩纯正而艳丽的“大眼睛”所震撼。超乎你的想象,这漂亮的色彩并不是来自孔雀羽毛本身的颜色,而是来自羽毛上带有光子晶体特征的构造奇特的小羽支,这些小羽支因构造的不同而呈现出蓝、绿、黄、棕四种不同的色彩。利用电子显微镜观察,可以看到四种小羽支的微结构都是由黑色素棒构成的二维光子晶体结构。不同颜色小羽支的光子晶体结构的晶格形状、晶格常数和周期不同。正是这些结构参数的变化,形成了孔雀多彩的羽毛,并被用于织造华丽的服装。

虽然只有完美的光子晶体才可能拥有完全带隙,但就应用的角度来看,科学家对不完美的光子晶体更感兴趣,这便是光子晶体的另一个重要特性——光子局域。研究发现,在二维或三维的光子晶体中加入或移去一些介电物质便可以产生缺陷。与半导体的情况类似,光子系统的缺陷也多半落在能隙内,这使原来为“禁区”的能隙出现了“一线生机”。对于一个缺陷态而言,由于缺陷四周都是光子晶体形成的“禁区”,电磁波在空间分布上只能局限在缺陷附近。因此一个点状缺陷相当于一个微空腔,这种谐振腔可以改变原子的自发辐射;而一个线状缺陷,可用于新型波导。光子晶体波导具有优良的弯曲效应:普通的光纤波导在光波拐弯时,全内反射条件不再有效,会损失部分光波能量,使传输效率降低;而光子晶体波导可以利用不同方向缺陷模式的共振原理,实现无弯曲损耗光波导,也不会出现延迟等影响数据传输率。

光子晶体对光具有独特的反射、局域、传导、分束、耦合、调制、慢光等操纵能力，成为微/纳光电集成的重要材料之一。相关潜在应用也纷纷被提出和研究，涉及光通信、太赫兹器件、光子芯片、太阳能电池、生物化学传感和隐身技术等(图3)。例如，性能稳定的光子晶体反射镜，由于光子晶体光子频率禁带范围内不允许光子通过，当一束频率在禁带范围内的光入射到光子晶体时将被全反射，利用这一原理可以制备高品质的波长选择性反射镜。微谐振腔的制备对光集成器件具有重要意义，但由于其尺寸微小，传统方法制造非常困难，而且传统的金属谐振腔的损耗很大。而具有点缺陷的光子晶体能用于体积小而品质因数很高的谐振腔，从而可以制备微米级的低阈值激光器。如果将发光二极管的发光中心放置在光子晶体中，并使该发光中心的自发辐射频率与该光子晶体的光子禁带重合，则发出的光不能进入包围它的光子晶体中，而只能沿着设计的特定方向传导出去，大大提高了光的取出率，从而可以制备高效率发光二极管。实验表明，用光子晶体制备的发光二极管的效率能够成倍提高。光子晶体超棱镜分光的能力也会比常规棱镜提高几个数量级。非线性光子晶体能够实现超快全光开关，通过控制微腔的共振频率和泵浦光的功率，可以构筑各种光集成器件和全光逻辑门。虽然目前实际的应用还有很大挑战，但随着科技的快速发展，或许在不久的将来，“集成光路”就会变为现实。

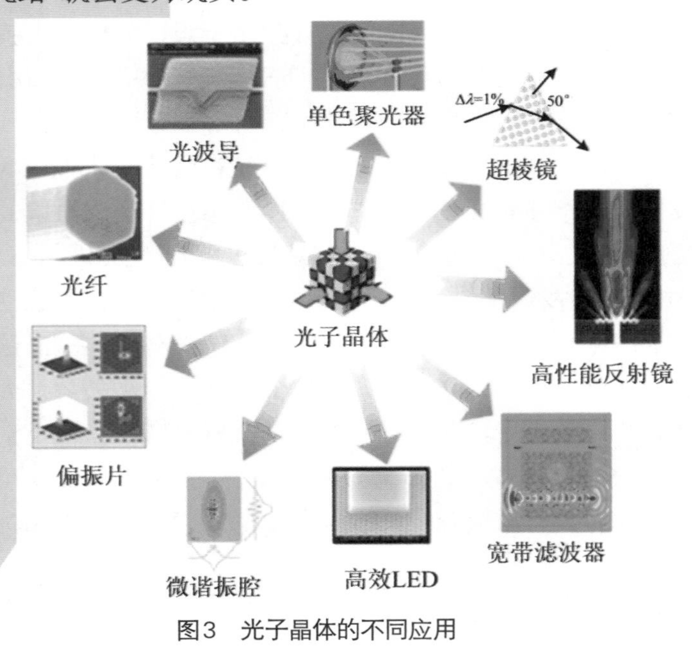

图3　光子晶体的不同应用

光子晶体的特殊性能和广泛应用吸引了众多的科学家从事相关研究，而光子晶体的制备是前提和基础。近年来，人们发展了许多制备光子晶体的方法，如精密机械加工法、半导体微纳米制造法、胶体晶体自组装法、反蛋白石结构法等，如图4所示。通过控制光子晶体中材料的介电常数和周期性结构，可以制备出不同带隙的光子晶体。1991年，E. Yablonovitch等利用机械打孔法，制造出世界上第一个在微波波段具有完全光子带隙的光子晶体结构，如图4(a)所示。1994年，Ho等提出如图4(b)所示的木堆结构，即用介电柱的多层堆积形成有三维完全带隙的介电结构。Özbay等用铝棒堆积成这种木堆结构，发现在12～14吉赫兹频率处有完全光子带隙。Lin等进一步发展了逐层叠加结构，通过层叠法和半导体工艺的结合，使得光子晶体的带隙可到达10～14.5微米。2000年，Noda等用晶片融合技术和激光辅助精确校准技术，利用逐层叠加，得到在1.3～1.55微米具有完全带隙的木堆结构光子晶体，这被认为是光子晶体制备的转折点，如图4(c)所示。

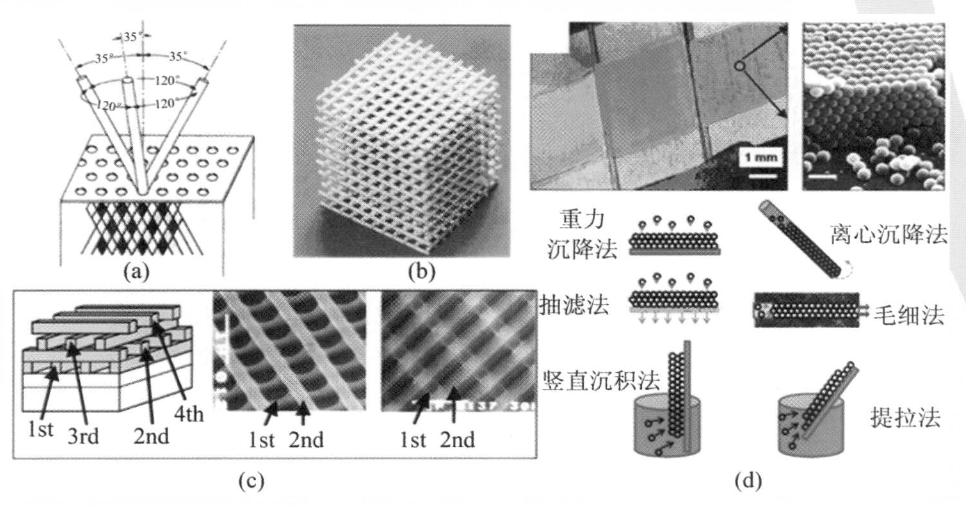

图4　光子晶体的制备：(a) 具有圆柱形面心立方体结构的光子晶体加工示意图，；(b) 利用逐层叠加的方法，将一维等距排列的铝棒逐层堆放；(c) 片熔技术和激光辅助精确校准技术相结合地逐层叠加；(d) 胶体光子晶体膜及其制备方法

同时，激光技术的成熟带来了全息成像技术和双光子技术的迅速发展。全息成像刻蚀法和双光子聚合可以制备规律性很好的周期性结构，成为光子晶体制造的有效方法。科学家们还提出，采用“自下而上”的方法，利用胶

体纳米颗粒有序组装制备胶体光子晶体材料。与“自上而下”的物理加工法相比，“自下而上”的自组装方法制备简单、成本低廉，制备得到的胶体光子晶体具有简单、灵活的组装单元，易于调控的纳米结构和特殊的光子禁带性质，成为光子晶体领域研究的热点之一。

胶体光子晶体可以利用喷涂、刮涂、打印等技术快速、简便、低成本、大面积地制备，并可实现图案化和功能化，能够用于制备绚丽多彩的光子晶体涂层、可擦写的光子晶体纸、裸眼识别的色度传感器以及高灵敏光子晶体传感芯片等，大大促进了光子晶体的实用化进程(图5)。同时，胶体光子晶体也可以作为模板，往其空隙中填充高折射率材料，如半导体或金属纳米粒子、染料、复合颗粒等，提高折射率比值，经过蚀刻或煅烧除去模板，可以形成材料种类非常丰富的反蛋白石结构的光子晶体。

图5　光子晶体集成芯片

光子晶体使人类操控光子的梦想变得更加可行。当人们能够自由地操纵和控制光的传播和发射时，就可以按需求来设计和制造光子器件了，在此基础上发展的光子计算机也将成为可能，其运行速度和效率将比现在的电子计算机提高几个数量级。20世纪基于控制电子运动行为发展起来的半导体技术促进了电子信息产业的诞生和发展，极大地改变了人类的生活和工作方式。而光子晶体的出现和发展，让科学家们预言在21世纪又将掀起一场新的光子技术革命，将为人类的未来开辟一片新的星空。

透明胶带中诞生的诺贝尔奖

——奇妙的二维材料

王荣明　孙颖慧*

透明胶带引发的材料革命

我们知道,铅笔笔芯里是不含铅的,其主要成分是石墨和黏土。石墨是一种由碳元素构成的层状物质,每一层由碳原子之间的共价键相连形成类似蜂窝状的正六边形结构(图1)。石墨的层与层之间是通过范德瓦耳斯力的微弱作用结合在一起的,整个结构在纳米尺度下类似于千层饼。

图1　石墨每一层内部碳原子分布形成的类似于蜂窝状的正六边形结构

由于这种特殊的层状结构,石墨在纳米厚度时拥有原子级平滑的表面。

* 王荣明、孙颖慧,北京材料基因工程高精尖中心,磁光电复合材料与界面科学北京市重点实验室,北京科技大学数理学院。

自20世纪后期以来，石墨开始被用作扫描隧道显微镜的成像基底。在这样的应用中，基底越薄越好，所以科学家们希望能获得更薄的石墨片。科学家们尝试了很多办法来获得更薄的石墨片，但获得的最薄石墨片也有20多层原子厚度，当时人们普遍认为这已经达到或十分接近石墨片减薄的极限值了。考虑到材料在纳米尺度上的热力学不稳定性，一般认为自由悬空的原子平面是不稳定的，因而不可能获得稳定的单层石墨(即石墨烯)。

正当大多数科研人员认为，继续寻找新的方法获得更薄的单层石墨片是无望的时候，一名俄罗斯年轻人康斯坦丁·诺沃肖洛夫(K. S. Novoselov)跟随其荷兰导师安德烈·海姆(A. K. Geim)来到了英国曼彻斯特大学，开始了以石墨为原料制造金属场效应晶体管的研究项目。初来乍到的诺沃肖洛夫并没有前辈们高超的实验技巧，减薄石墨片既耗时耗力，又得不到特别好的基底，研究前景黯淡。就当诺沃肖洛夫准备放弃的时候，他细心地发现每次实验结束时，实验人员会采用透明胶带来清理残留在实验台上的石墨残留物。他突发奇想，如果将石墨放在两片透明胶带之间，紧紧按压，再轻轻撕下胶带，就会有石墨片分别黏附在两片胶带上，这样石墨片岂不是很简单地被减薄了吗？只要将透明胶带反复进行折叠和展开，石墨片岂不是越来越薄？到最后莫非……说干就干，诺沃肖洛夫开始了他的实验，过程并不复杂，很快他就得到了原子级厚度的石墨片，也就是后来我们熟知的单层石墨烯。

2004年，康斯坦丁·诺沃肖洛夫和他的导师安德烈·海姆，在科技界的顶级期刊《科学》上发表题为“原子级碳薄膜中的电场效应”的研究论文，并一跃成为历史上被引用次数最多的文章。2010年，二人因为“在二维石墨烯材料的开创性实验”分享了当年的诺贝尔物理学奖。与此同时，二维材料的研究热潮席卷全球，一场材料界的伟大革命正在轰轰烈烈地进行。

透明胶带和石墨都是生活中常见的物质，但是采用合适的手法就能获得意想不到的成就。人类科学的进步，很多时候就是将灵光乍现的想法，通过自己的努力进行实现的过程。因此，在日常生活中，我们要留意眼前最容易被忽略的内容，多加观察和思考，兴许有一天，我们也能从日常生活的细节中得到启发。

二维材料大家族

当然了，石墨烯并不是唯一的层状二维材料。二维材料的种类很多，是一个非常繁盛的大家族（图2），既有研究了很久在新时代焕发新活力的“长辈”，又有近些年才进入人们视野的“少年”，未来必定大有可为。从广义上来说，只要电子仅仅在两个维度的平面上运动的材料就是二维材料。我们可以将二维材料想象成一张纸，只是纸的厚度仅有几个纳米（1米=10亿纳米），纸的长和宽可大可小，不过最少也有100纳米以上。以石墨烯为例，单层的石墨烯厚度仅为0.3纳米左右。

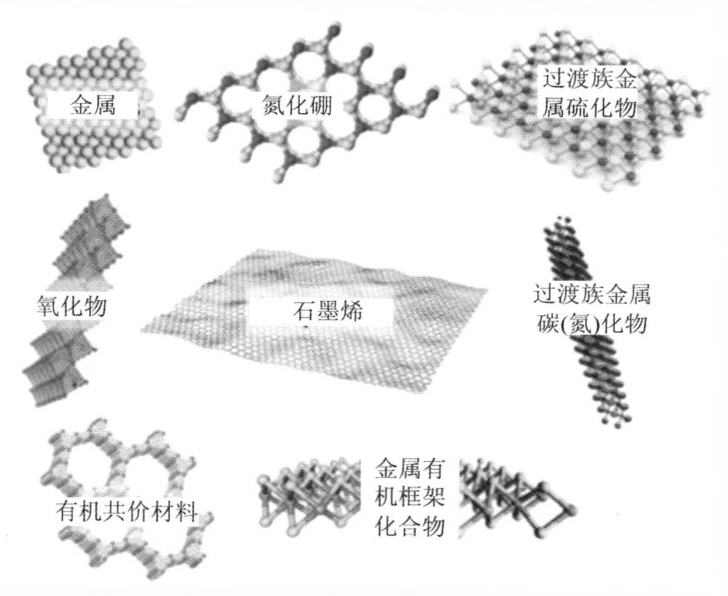

图2　二维材料大家族

自然界有种类繁多的层状晶体，它们具有强的面内化学键和弱的类范德瓦耳斯层间相互作用力，这使得这些晶体也有可能被剥离成为二维材料。根据二维材料所含元素，可分为氮化硼（BN）、过渡族金属氧化物（Transition Metal Oxide, TMO）、过渡族金属硫化物（Transition Metal Dichalcogenide, TMD）、硅烯纳米片层和石墨烯衍生物（氧化石墨烯、石墨烷和氟化石墨烯）。除此以外，还有一些其他的二维结构，其中包括二维聚合物（典型代表就是石墨烯）、共价有机框架化合物和金属有机框架化合物等。

从材料性质角度分类，二维材料涵盖了我们熟知的导体、半导体和绝缘体。例如，单层的石墨烯在微纳电子学领域是一种潜在的导体，而在这个尺寸上也有包括少层BN片或TMO和钙钛矿一类的二维材料等绝缘体材料。许多TMD的二维材料是半导体材料，性质会随着其厚度的变化而变化，这引起了科学家们极大的兴趣。除此以外，二维材料还可被用作超导体和热电材料，这为其二维特性的研究提供了一个广阔的平台。

二维材料未来的四大应用

二维材料家族“人丁兴旺”，那么它们究竟有什么魅力，引得无数科学家竞相折腰？事实上，主要是因为二维材料在厚度方向上的尺寸受到限制，材料的量子效应相比块体材料强了很多，许多材料性质有了令人惊喜的变化，甚至出现了一些新奇的特性，所以二维材料在众多应用领域都有所建树。这里我们对二维材料的未来应用进行了展望，希望它们未来能改善人类的生活。

1. 电池

近些年来电池已经成为限制便携式电子设备，例如手机、笔记本电脑等发展的主要短板。现今较为成熟且能商用的锂离子电池，是20世纪90年代初索尼公司提出的，但是已经渐渐不能满足大家日益增长的对更轻、更薄、更好设备的向往。随着以石墨烯为代表的二维材料研究的发展，克服这个短板有了新的希望。二维材料相较于块状材料既轻薄，又有更强的结构强度，并有助于锂离子的嵌入和脱出，有助于增强电池性能。同时，二维材料还能降低电池中电解液内粒子的凝聚作用，有助于电池的稳定运行。

如何充分利用太阳赐予我们的能量是人类生存的永恒命题。而太阳能电池则是将太阳能转化为化学能的重要组件。许多二维材料不仅拥有优异的电学性能，还因为其极薄的厚度而具有良好的透光性，成为太阳能电池的重要组成部分，可以很明显地提升太阳能电池的性能。

2. 催化剂

因为厚度方向的尺寸受限，二维材料拥有很大的比表面积，所以界面性质主导了材料性质。二维材料边缘处存在大量的活性位点，足够大的表面可以吸附更多反应物，有助于化学反应的稳定进行，防止团聚进而影响化学反应的速率。与此同时，二维材料表面有助于化学反应中电子的顺利转移，可以有效地降低化学反应的活化能，而活化能是影响化学反应进行的重要因素。相较于现在成熟的铂催化剂，许多二维材料催化剂没有贵金属，因而更为价廉物美。

3．柔性材料

前文提到，二维材料很像生活中的纸张。我们可以想象，二维材料在平面内可以很容易地弯曲。相较于层间薄弱的范德瓦耳斯力，二维材料层内原子间的相互作用力是强的共价键，因此其结构强度也有保障。科学家们根据各种二维材料不同的物理性质，进行了精心搭配，最后获得一系列高性能柔性器件。我们可以预期，在不久的将来，以不同的二维材料为基础的高科技电子产品很可能进入千家万户，改变我们的生活。

柔性材料不仅仅可以在电子器件上发挥作用，还可制作人造皮肤。皮肤是我们人体中面积最大、质量最重的器官，是保护人体的重要屏障。二维材料独特的物理化学性质，例如高的机械柔韧性、各向异性的导电性、可调节的带隙和较高的耐化学腐蚀性，可用作人造皮肤，实现感觉、保护和调节等方面的功能。科学家们在运用二维材料制备人造皮肤的研究方面，已经取得了重要进展。例如采用人造皮肤技术制备的防护服克服了其厚重、难以操控的缺点，不仅轻便美观，还可以设计特定的结构，针对性地保护实验人员的安全。利用人造皮肤与身体的轻柔接触，可以实时检测到身体的许多信息，例如心跳、汗液、呼吸等表征数据，可以用来评估健康状况，从而更好地指导我们健康地生活。

4．下一代计算机

熟知电子产品的人可能会知道，在电子电路中有一条很重要的摩尔定律：电子电路中的元件数量每两年翻一番。目前，硅晶体管的尺寸逼近其物理极限，我们需要完全不同类型的材料和器件，来进一步提升计算机的性能（图3）。因为二维材料在厚度方向尺寸受限，且存在几乎没有缺陷的光滑表面，所以其内部电子不易被散射，电荷可以相对自由地流过。因此科学家们期望利用二维材料，突破现有的技术难题，建造下一代运算速度更快、能耗更低的计算机。

二维材料自其诞生之日起，就充满着传奇色彩。近十多年的快速发展使得二维材料开始走出实验室，准备进入千家万户改善我们的生活。作为面向未来的前沿新材料，由于现在的科学技术条件和人们认识能力的限制，人们还没有完全掌握二维材料的全部特性。最新的研究表明，仅仅将两层石墨烯的堆叠角度稍加改变就能出现前所未有的新奇性质，所以在二维材料领域还有许多未知的宝藏值得我们去挖掘。

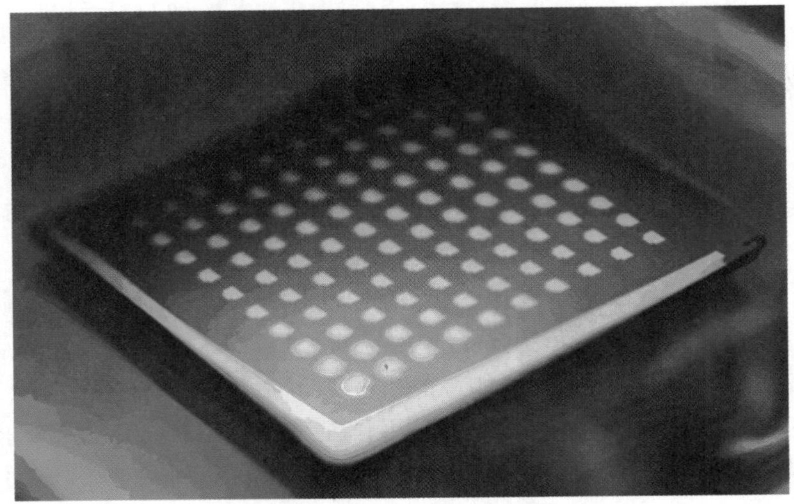

图3　原子厚度的晶体管制成的新型芯片

纳米世界的碳材料
——碳纳米管

张修铭　张加涛*

神奇的纳米世界

你知道为什么荷叶上的露珠可以自由地滚动而不粘在叶片上吗？荷叶上的露珠之所以可以自由滚动，就是因为在荷叶表面上有很多微小的凸起，这些凸起上又存在很多直径在200纳米左右的小凸起(图1)。这种特殊的凸起使得水滴和污泥在荷叶表面的接触面积特别小，因此水滴可以自由地滚动，水滴滚动的同时又可以带走污泥，从而达到了“出淤泥而不染”的效果，这也为研发不用洗的衣服提供了可能。每天洗衣服很麻烦，我们可以制造出不会脏的衣服吗？在商场，经常有售货员推销自己的产品含有高科技的纳米材料，质量非常好，那到底什么才是纳米材料呢？

图1　水滴在荷叶表面上的电镜扫描照片

* 张修铭、张加涛，北京理工大学材料学院结构可控先进功能材料与绿色应用北京市重点实验室。

中国有句谚语叫作“心细如发”，用来形容一个人的心思缜密，细微程度达到了头发丝的程度。在古人的眼里，头发丝已经是特别细的代表了，那么有比头发丝更细的物质吗？这时候，我们引入纳米(nanometer，nm)的概念，1纳米=10^{-9}米，这相当于头发粗细的万分之一。1纳米的物体放到鸡蛋上，好像把鸡蛋摆在地球上。日常生活中，我们所说的纳米尺度是在1～100纳米之间。

纳米材料由于其尺寸较小，在许多方面都表现出奇特的性质，比如，金属纳米颗粒对光的反射率很低，利用这个特性可以研发出隐形战斗机(图2)。鸽子之所以可以“千里归巢”，也是由于其体内存在纳米尺度的磁性颗粒，使鸽子在地磁场的导航下具有分辨方向的能力。

图2　F-117A隐形战斗机

纳米世界的碳材料

碳是一种常见的非金属元素，以各种形式广泛地存在于大气以及生物体内。金刚石，也就是我们所说的钻石的前身，就是由碳元素组成的，也是自然界中天然存在的最坚硬的物质。金刚石的同素异形体石墨，是铅笔的重要组成部分，质地柔软易削，并且还具有一定的润滑性。此外，碳的一系列化合物、有机物更是生物体重要的组成部分。

你知道为什么蜂巢、雪花以及显微镜下的细胞壁都是六边形结构吗？这是一种非常奇特的现象。首先，我们需要考虑一个几何结构问题。如果想要把尺寸、形状完全相同的一个单元，紧密地排布在同一个平面上，那么，我们只有三种可以采用的形状：等边三角形、正方形以及正六边形。而在面积相同的情况下，正六边形所需的边长更短。因此，对于蜜蜂来说，蜂巢选择正六边形符合力学上的合理性和材料上的节省性。并且六边形相对于正方形和三角形，其最接近于圆形，周边离中心的距离相等，有着很稳定的结构。六边形结构，在我们生活中也有比较广泛的应用，足球就是由正六边形拼接起来的，这样可以让足球结实并且受力均匀（图3(a)）。水立方的外墙也采用了大量的六边形进行拼接，既节省了材料，又赋予了建筑几何上的美感（图3(b)）。六边形在光学领域，同样也有广泛的应用，巨大的天文望远镜就是由若干的正六边形镜片拼接起来的。

图3　足球(a)和水立方(b)

那么，当碳材料与正六边结构相结合时，又会碰撞出怎样绚烂的火花呢？在放大倍数在10万倍至100万倍的电子显微镜下，科学家们惊奇地发现，这种材料竟然是中空的管状结构材料，如图4所示。根据其化学组成、尺寸以及形状，科学家们形象地形容这种材料为"碳纳米管"。1991年，在富勒烯研究的推动之下，日本电子公司的饭岛博士首先发现了这种奇特的碳结构。就在一年以后，Ebbsen提出了实验室内规模化合成碳纳米管的方法。由于碳纳米管结构采用了正六边形的连接方式，其具有质量轻以及许多神奇优异的力学、电学和化学性质。

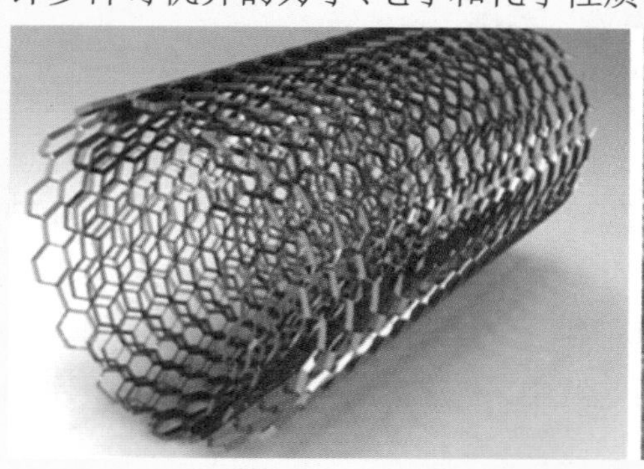

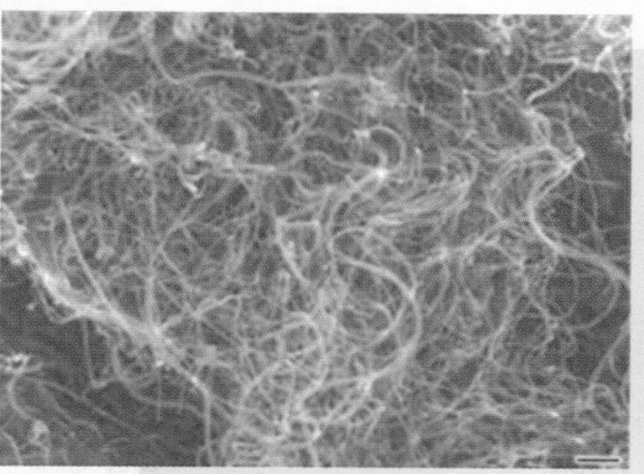

图4　碳纳米管示意图及电镜图片

结构的精细化是科技不断进步的一个重要特征。从人类文明的发展历程来看，从旧石器时代、新石器时代、青铜时代、铁器时代，到蒸汽机火车轮船时代，再到飞机以及计算机时代，人类的制造技术经历了从手工打造、简单铸造，到普通机械加工、数控加工中心加工、激光刻蚀、3D打印等高端制造技术的逐步演进过程。家用小汽车或者农用拖拉机的发动机通常由成千上万个零件组成，而航空发动机则由上百万个精密零件组成。而保证这些零件良好组合或密封，以及长时间工作不损伤的关键因素，就在于加工结构的精细化。我们常用的计算机与手机产品中芯片的加工精度一般都是纳米级。计算机芯片从100纳米，小到60纳米，直到目前的7纳米，这些数字背后都是计算机产品不断升级的见证。我们的主人公——碳纳米管，尺寸可以减小到0.4～1纳米。如果计算机加工的尺寸可以减小到这种程度，可以预见到计算机革命将会发生怎样的变化。

碳纳米管将走进人类生活

目前，关于碳纳米管的研究与使用，依然局限在实验室里面，距离真正的商业生产还需要比较长的时间。无论如何，这个吸引科学家眼球的前沿新材料，必然会在我们的生活中日益普及。

碳纳米管不会影响人类健康。现在工业生产中的碳纳米管质量非常轻，最轻的产品密度仅仅是空气的3倍。这样轻的产品，显而易见，可以像病菌一样飘浮在空气中。同时它又非常小，所以容易像花粉一样，被吸入体内。而且纳米材料经过皮肤渗入体内，是否会产生不利影响尚不明确，但实验证明，碳纳米管会导致裸露小白鼠造成皮肤过敏。也有实验证明，碳纳米管经过空气吸入，会导致肺癌的形成。2017年，世界卫生组织将碳纳米管列入致癌物质名单中。然而有趣的是，人们在烤制面包和炒菜中，都发现了碳纳米管的影子。从这个方面看，大家吃面包以及炒菜已经许多年了，只要剂量不大，人体是可以进行自行修复处理的。

能源领域离不开它。我们每天都会用到智能手机和电脑，大家是否知道手机与电脑的电池里面几乎都掺杂了碳纳米管？碳纳米管的用途是增加导电性，降低内阻，继而可以延长锂离子电池的寿命。基于同样增加导电性的原理，现在热门的电动汽车的动力电池中，也基本上都掺杂了碳纳米管，以保证电动汽车可以更持久地行驶在路上。

除了锂电池，透明导电薄膜也有碳纳米管的用武之地。什么是透明导电薄膜呢？我们每天使用的智能手机屏幕表面上就有一层，它的导电性可以使我们通过手指接触去控制屏幕，而透明性又让我们可以看到显示画面。目前使用的都是氧化铟锡(ITO)材料。碳纳米管薄膜同时具有高的电子导电性和透光率，因此也可以做成透明导电薄膜，加上碳纳米管柔韧性非常好，还可以做成随意弯曲的薄膜。最近新发布的OLED可折叠屏幕手机——三星Galaxy Fold以及华为Mate X，获得了广泛的关注，但是碳纳米管本身成本较高，且折叠方式有限。如果碳纳米管可以成熟地应用到折叠屏幕中，那么在不久的未来，像报纸一样的可折叠式手机将会广泛地普及。

此外，在能源危机日益严峻的大背景下，氢气也是一种热门的新能源。但是氢气本身的密度很低，压缩成气体又非常困难且危险。碳纳米管的质量较轻，且具有中空结构，是良好的氢气储存材料。经过适当地加热处理，氢气就可以缓缓地释放出来，由此可见，碳纳米管在储氢方面的应用前景相当广阔。

借助碳纳米管实现轻松登月的梦想。“明月几时有，把酒问青天”，这是中国人对月亮充满期待的遐想。能够像鸟儿一样飞起来，甚至飞到月亮上去，一直是人类的梦想。虽然月亮好似近在眼前，然而实际上月球与地球之间的距离高达38万千米。这样仅靠梦想是不够的，还需要切实可行的技术手段和实现方式。

现在，探月的主要技术是以火箭搭载卫星的方式，进行探月卫星的安置。例如长征3号这样的捆绑式火箭，运载速度是比较快的，但可以运载的卫星不过就是几吨重。可以想象苏联组建的太空空间站，费了多大的劲儿吧！重达几百吨的太空站，却需要造价高昂的火箭跑上几十趟才可以完成。所以到目前为止，人类在月球上建立永久居住地的梦想，仍然只是梦想，也就谈不上像最近放映的电影《流浪地球》中提到的，当地球环境陷入危机时，以巨大的推动力将地球推到外太空去。

当然，目前的技术困难并不能阻止科学家们畅想其他的交通方式登向月球。科学家们借鉴通过电梯登上高楼的方式，设想能不能在地球和月球之间搭载类似电梯的通道，这样就可以将所需要的货物源源不断地运输到月球上去。紧接着问题接踵而来，搭建这么长的梯子，用什么样的材料是关键问题。科学家们经过计算发现，能够跨越38万千米而承受自身重量不被拉断的材料就是本文的主人公——碳纳米管。碳的质量非常轻，再加上碳纳米管特殊的结构，所以它拥有最坚固的结构和耐受力。

科学的传承，必然要将碳纳米管和其他前沿新材料的研究传承给青少年。或许有一天，我们就可以像乘坐电梯一样登上月球旅行。

石墨烯的"前世今生"

王虹智　张加涛*

从石墨到石墨烯

碳材料是大自然赋予人类的重要材料之一，并以丰富的姿态存在于自然界。在常见的碳材料中，碳水化合物是生命之本，煤和木炭实现了人类最早的取暖和照明，石墨变成了我们手中的铅笔和机械设备里的润滑剂，金刚石以钻石的外表满足了人们对于爱与美的向往。当我们不再满足于这些基本特征的时候，这些碳材料可以被进一步地研究，并应用于实际生活中。

其中石墨，是碳元素的一种同素异形体，每一个碳原子周边连接着三个碳原子，并通过共价键结合，形成共价分子，如图1所示。石墨是一种很软的材料，用手指揉搓可以轻松地将其捻开，这也就可以理解，为什么我们用手在铅笔写过的纸张上蹭一蹭，手上和纸上就都会有大面积的铅笔痕迹。同时，石墨也具有较好的导电性和导热性，更丰富了这类材料在日常生活中的应用。

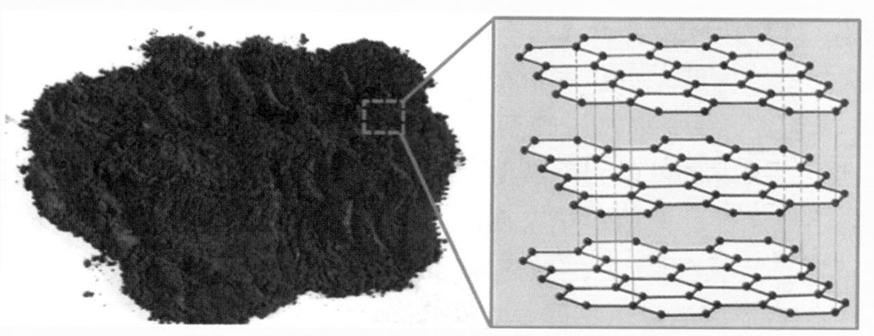

图1　石墨粉末的宏观图及其分子结构示意图

*　王虹智、张加涛，北京理工大学材料学院结构可控先进功能材料与绿色应用北京市重点实验室。

然而，科学工作者并不满足于仅仅对石墨块体的研究。随着科学技术的进步，向更细微且更精准结构材料的研究是近年来的热点。尽管早些时候有一些理论就认为，将块体石墨剥离到单原子层结构，可能有利于进一步提高其材料性能。然而，传统物理学家认为，单层的二维材料基本不可能稳定地存在于自然界中。为此，20世纪的科研工作者只是把二维石墨烯材料（图2）作为一种理论模型进行基础科学研究，并没有实现一些实质的应用研究。

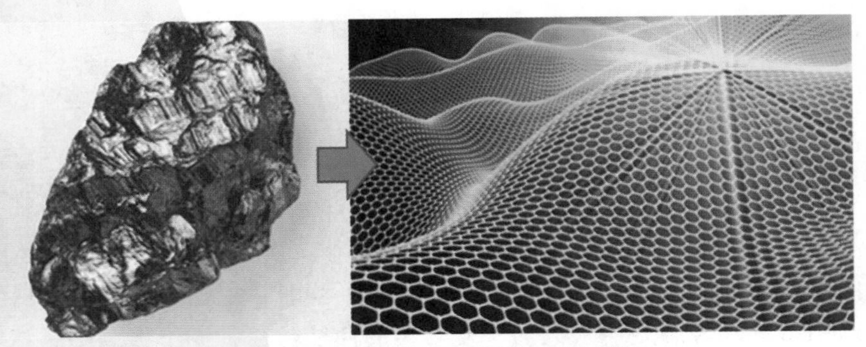

图2　从石墨到石墨烯，石墨烯的结构示意图

机会永远留给有准备的人，留给敢于天马行空地想象的实践者。2004年，曼彻斯特大学的两位科研工作者安德烈·海姆（A. Geim）和康斯坦丁·诺沃肖洛夫（K. Novoselov）（图3），用我们日常生活中常常会用到的胶带，首次通过机械剥离技术实现了单层石墨烯的制备。

当然，这两位科学家在此之前尝试了无数方法剥离以得到石墨烯，但均未成功，最终创造性地通过胶带完成了这一看似不可能实现的新材料研究（图3）。其剥离方法为：首先将石墨片粘在胶带上，之后通过将胶带多次对折，每次利用胶带的黏合作用将石墨层剥离开来，多次剥离后即可得到单层的石墨烯片层。石墨烯片层的剥离成功，证实了该二维结构可以稳定地存在于自然界，同时也可以利用其他制备方法制备石墨烯片层，例如气相沉积法、氧化还原法等。两位科学家在后续的工作中，基于单层和双层石墨烯体系分别发现了整数量子霍尔效应及常温条件下的量子霍尔效应，他们也因此获得2010年度诺贝尔物理学奖，被称为胶带撕出来的诺贝尔奖。

(a) (b)

图3 (a)曼彻斯特大学的安德烈·海姆和康斯坦丁·诺沃肖洛夫两位科学家;(b)胶带剥离技术实现石墨烯制备

二维石墨烯的神奇性质

通过进一步的科学研究,这种二维石墨烯材料展现出了超乎想象的性能,如图4所示。

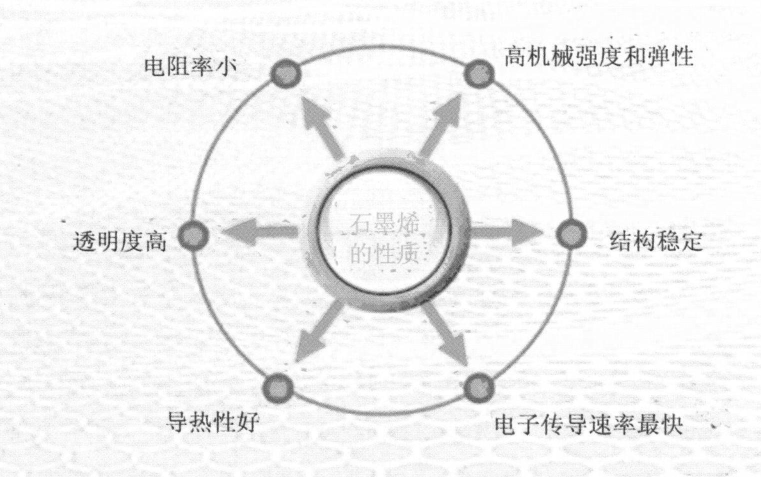

图4 石墨烯的神奇性质

高机械强度和弹性。在力学性能方面,二维石墨烯材料兼具高强度和高韧性,理论杨氏模量可高达1.0千吉帕,拉伸强度约为130吉帕。一旦这种二维材料的制备工艺成熟,有可能会大幅度地提高现有结构材料的强度极限,同时对于非结构材料的应用,其耐用性也得到了强有力的保证。

电子传导速率快。二维石墨烯材料的电学性能更是挑战了科学界对于现有材料的认知。石墨烯中的载流子遵循一种特殊的量子隧道效应，在遇到杂质时不会产生背散射，这是石墨烯局域超强导电性和很高的载流子迁移率的原因。石墨烯中的电子和光子均没有静止质量，它们的速度是与动能没有关系的常数。石墨烯在室温下的载流子迁移率可高达15000平方厘米/(伏特·秒)，这一数值超过了传统硅材料的10倍以上，是目前已知载流子迁移率最高的物质锑化铟(InSb)的两倍以上。在某些特定条件下，如低温石墨烯的载流子迁移率甚至可高达250000平方厘米/(伏特·秒)。

透明度高。单层石墨烯片基本是透明的，厚度每增加一层，吸收率增加2.3%。石墨烯与其他现有材料的复合，更是带来了性能的革命性提高。例如，将石墨烯与一些感光半导体材料结合，可以实现其作为探测器响应信号高达10^6倍的增益提高。

导热性好。石墨烯具有非常好的导热性，无结构缺陷的单层石墨烯，其导热系数可高达5300瓦/米·摄氏度，是截至目前导热系数最高的碳材料，高于单壁碳纳米管。同时，石墨烯兼具石墨的很多优良性能特点，在润滑、发热等方面有过之无不及，从而具有丰富的应用前景。此外，石墨烯在非极性溶剂中具有更好的溶解性，表面为超疏水和超亲油。然而，基于石墨烯单层的结构特点，其表面易于接受其他修饰，这就意味着很容易通过化学改性来实现其相容性的调控。

石墨烯将改变世界

基于石墨烯特殊的性质，其在生活中的应用研究也在紧锣密鼓地进行中，进而逐渐地走进人们的日常生活中。目前的石墨烯主要应用于柔性器件的设计制造、锂离子电池的应用、常用的发热衣物、润滑剂等领域，如图5所示。

石墨烯加热服与轮胎。由于石墨烯具有高强度和高热导率，将其与衣用纤维相复合可制备得到石墨烯纤维，从而可以得到新一代的理想纺织材料。其研究目标是让其兼具高强度、阻燃特性、增强防紫外线功能和一定的导热导电性。这对于功能化的穿戴应用和能源的合理利用都具有重要的意义。基于石墨烯的这种高导热性和高强度特点，也可以将其应用于汽车的轮胎中，将有利于大幅度地提高轮胎的耐用度且利于散热，具有无限广阔的应用前景。

石墨烯电池。近年来备受关注的当属石墨烯电池。众所周知，能源问题是当今社会发展的重大问题，如何实现绿色能源的高效利用，对于改善人类生活具有极其重要的意义。对于人们日常用到的手机来说，兼顾短时间的充电和长时间的使用是人们的普遍需求，该需求也同样适用于电瓶车和新能源汽车等用电领域。美国菲斯科公司近期报道了其生产的一款豪华电动汽车采用了石墨烯固态电池，充电9分钟就能行驶208千米，满电可续航640千米，而这款电动汽车2019年就会上市。据相关人员透露，菲斯科已经可以将续航提升到800千米，并且在一分钟内充满电。当然这些目前只是实验室数据，应用到实际生活还需要一些时间。此外，部分手机厂商也相继报道了石墨烯聚合材料电池，能量密度是市面上锂电池的3倍以上，使用寿命是传统锂电池的2倍，充电速度也远远快于普通锂电池，并具备非常强的导电性和导热性、极高的硬度、极强的韧性。

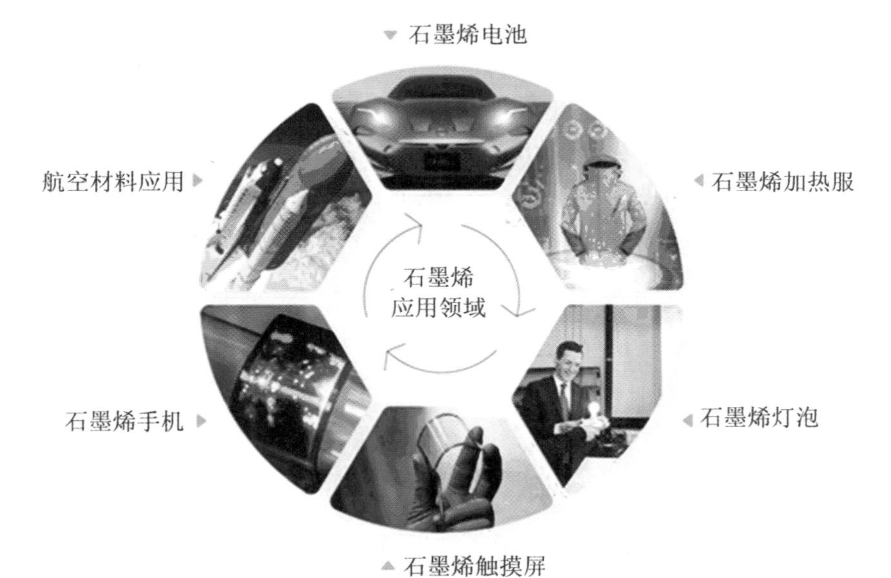

图5　石墨烯的应用领域

然而，这类新型电池的研发成本巨大，目前距离实际应用仍有一段距离。不过现在已经有一些基于石墨烯材料的锂电池面世(图6)。这种电池本质上还是锂电池，在电池中掺杂了石墨烯材料或是使用石墨烯电极，具备更好的散热性、导电性，具备更快的充电速度，无论如何，这也在一定程度上改善了人们的生活品质。

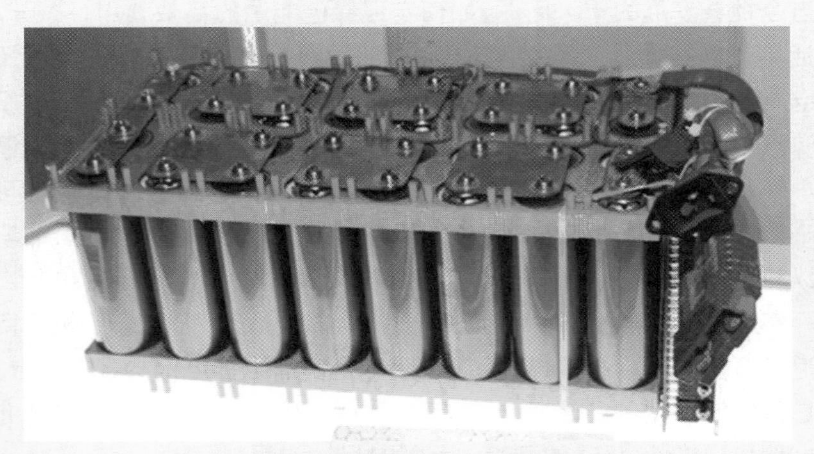

图6　三星公司设计的石墨烯锂离子动力电池

石墨烯光电器件。可穿戴柔性光电器件是石墨烯未来应用的重要发展方向。基于半导体材料的功能耦合作用，可以充分发挥石墨烯载流子迁移率高的特点，从而带来半导体器件领域的革命性提高。目前该类研究在实验室领域已经取得了许多重要进展，在红外成像、光电探测等领域实现了相比于传统材料革命性的性能提高，在物联网等领域具有重要的应用价值。相信石墨烯材料的真正应用对于改变人类的生活方式，也只是时间问题。

石墨烯材料来源于自然，并终将服务于世界。石墨烯被认为是21世纪的前沿新材料之王，我国在世界石墨烯发展领域也有重要的布局。相信在不久的将来，真正的中国制造石墨烯电池、石墨烯芯片将进一步改善我们的生活。

从活字印刷到纳米印刷

王 思 宋延林[*]

印刷术与材料进步

印刷术是我国古代四大发明之一，起源于雕版印刷术，发明于隋末唐初。北宋庆历年间(1041—1048)，我国宋朝的雕印工匠毕昇发明了活字印刷术，成为印刷史上一项划时代的伟大发明。活字印刷有泥活字、木活字等不同形态。15世纪，德国发明家约翰内斯·古登堡(J. Gutenberg)发明了铅字印刷机，极大地推动了图书的批量印制。1839年，英国科学家塔博特(H. F. Talbot)基于感光材料的发现，发明了负像照相过程，使印刷进入以感光成像为原理的新时代，并发展为以平版、凹版、柔性版以及丝网印刷为主的多样化印刷方式。20世纪80年代，中国科学家王选院士研制的汉字激光照排系统，实现了我国印刷行业的第二次技术变革。上述印刷术的发展历程，都留下了材料进步的印记。

进入21世纪，随着全球范围对环境保护的日益关注，基于感光材料而发展的印刷材料和印刷技术体系面临前所未有的严峻挑战。如何通过科技创新解决印刷过程的污染问题，成为实现印刷行业可持续发展的重点。近年来，随着纳米材料研究的不断深入和发展，科学家们发现，将纳米技术特别是纳米材料和印刷技术相融合，将发展出一系列性能优异且环保的新材料和新技术，并为众多产业的技术变革和绿色发展带来新的希望。

什么是纳米印刷?

纳米印刷是指将纳米科技与印刷技术相融合发展的综合性图案化和图

* 王思、宋延林，中国科学院化学研究所。

形化技术，它兼具了纳米材料的典型特征和印刷技术的图形复制优势。其中，纳米材料由于其独特的尺寸结构，具有传统材料不具备的特性。已发现的纳米材料基本物理效应有尺寸效应、表面与界面效应、量子隧道效应等。这些效应使纳米材料具有不同于传统材料的特殊的光、电、磁、热以及力学性质，因而在众多领域具有广泛的应用前景。而印刷技术是利用印刷油墨将图文信息转移到承印物上的复制技术。其最大的优势是只要开发适合印刷的油墨材料，就可以实现各种设计图案的低成本、大规模、批量化生产。基于纳米功能油墨的开发，还可以实现各种功能器件的规模印制。因此，纳米材料与印刷技术的结合，将变革传统的印刷技术，促进印刷产业的绿色化发展和在众多领域的广泛应用。

纳米印刷的应用

近年来，纳米印刷相关新材料和新技术的研究取得了重要进展，并且在印刷油墨、印刷制版、印刷电子、印刷光子等众多领域呈现出广阔的应用前景。

1. 纳米印刷油墨

将不同性质的纳米颗粒添加到油墨中，可以改善传统油墨的印刷性能，提高油墨的印刷品质，并发展出纳米磁性油墨、纳米光学油墨以及纳米导电油墨等多种功能性油墨。

其中，利用纳米颗粒对光波的吸收和散射特性，可以提高油墨的色纯度和色密度；加入具有较好流动性的纳米粒子，可以提高油墨的耐磨性；加入二氧化钛、氧化锌等有抗紫外线特性的纳米粒子，能明显地提高油墨的抗老化性能。

纳米磁性油墨是基于磁性纳米粒子制备的具有特殊的磁响应特性的油墨。用这种油墨印刷的图文借助专用检测器可以检出特定的磁信号，因而其可以广泛应用于防伪领域，如用纳米磁性防伪油墨印制的密码信息等。

纳米光学油墨在外界刺激下会发生颜色变化。目前已经研制出了光致变色、温致变色和压致变色油墨等。这些油墨经过光照、加热或压力接触，油墨层的颜色会发生相应的变化。将纳米光学油墨印刷的标签贴于检测细菌、病毒的仪器上，就可以通过标签颜色的变化，判断出医用器具和设备消毒处理是否干净；另外，还可将纳米光学油墨应用在食品安全检测领域。

纳米导电油墨制备主要是基于金、银、铜等金属的纳米颗粒。其中,因银具有高的电导率和热导率,故纳米银油墨成为最受关注的纳米金属油墨。另外,基于非金属的纳米导电材料如碳纳米管和石墨烯导电油墨等近年来也备受关注。

2.纳米印刷纸张

纳米印刷纸张是将纳米颗粒添加到纸浆中,或在纸张表面涂布纳米涂层,利用纳米颗粒的高表面能、抗菌性等特性,达到改善印刷纸张性能的目的。例如:将纳米颗粒加入到纸浆中,可以提高纸张的强度、匀度等性能。为提高纸张的吸墨性,常用的做法是在纸张表面涂覆纳米SiO_2。纳米SiO_2是一种超细粉体,具有很高的比表面积,由于粒径小、比表面积大,有利于油墨的固着,不易发生颜色扩散现象,用其制成的纸张表面光滑、印刷分辨率高。除了纳米SiO_2外,纸张表面也经常用到纳米Al_2O_3或纳米$CaCO_3$进行改性处理,提高纸张的白度或遮盖力。在纸张涂层中加入特殊的纳米颗粒如TiO_2,利用纳米颗粒对紫外线较强的屏蔽作用,可以显著提高纸张涂层的耐紫外线和耐老化性能。此外,在纸张中添加纳米抗菌剂如纳米TiO_2、ZnO_2等,还可以提升纸张的抗菌性能。

3.纳米印刷制版

近代印刷术的进步离不开感光材料的发展和推动。当前,印刷制版的主流技术是激光照排技术和计算机直接制版技术(Computer to Plate, CTP)。其中,激光照排技术使用的是PS版(即预涂感光版),CTP技术主要使用的是热敏CTP版或紫激光CTP版。由于是基于感光成像的制版方式,激光照排技术工艺类似传统的胶卷照相,在从胶片的显影、定影、冲洗到印版的显影、冲洗等过程中,需要使用多种化学药品,不可避免地会带来大量的废液排放。CTP技术虽然省略了胶片过程,但CTP版显影、冲洗过程中也存在因感光冲洗废液排放带来的环境污染。

基于纳米材料的创新,中国科学院化学研究所的科研人员突破感光成像的固有思路,另辟蹊径,发展出非感光、无污染、低成本的纳米绿色制版技术。该技术是将纳米复合转印材料通过绿色制版设备直接打印在具有特殊结构的超亲水版材表面,利用纳米材料超亲水/超亲油特性,在印版表面构建出清晰的亲油(图文)区与亲水(空白)区。正像数码照相对胶卷照相的革命一样，纳米绿色制版技术完全避免了感光冲洗过程，实现了从基础原理到技术创新的重要突破，是目前最环保的印刷制版技术。

另外，无论是PS版还是CTP版，采用的都是金属铝版基，为了获得足够的耐印力与分辨率，需要对铝板材进行电解氧化，经过清洗、除油、电解粗化、阳极氧化、封孔、涂布和烘干等诸多工序形成表面粗糙结构，不仅工艺复杂、能耗大，而且会产生大量的废酸、废碱或废渣。

基于此，研究人员进一步发展出无需电解氧化的纳米绿色版材制备技术(图1)，它是在未经阳极氧化的版基表面涂布上特制的纳米功能涂层，构造出版材表面特殊的微纳米结构，满足印版的各项印刷要求。版基在涂布纳米涂层之前，仅需要进行简单的水清洁处理，不需要经过阳极氧化工艺；并且随着版基技术的进步，该技术还可应用于塑料版基或者纸版基。从技术原理和技术路线上看，该板材完全不需要进行电解氧化和感光处理，工艺简捷、绿色环保，是未来印刷版材绿色化发展的重要方向。

图1　绿色制版、绿色油墨、绿色版材相关生产线

4．纳米印刷电子

随着科技的发展，电子产品已成为人们生活和工作的必需品。譬如手

机，作为电子产品的代表，目前已成为信息传播最主要的方式之一。手机的制造涵盖了当前最新的科技和工艺，近年来，在触摸屏技术的推动下，手机屏幕从最初的按键显示屏发展到了以全面屏为特色的触摸屏时代，并且随着柔性显示技术的发展，发展折叠屏手机等柔性显示已成为未来的发展方向。而传统的蚀刻工艺因在柔性基材的应用限制以及生产工艺复杂、成本高昂等局限，很难满足和适应电子产品未来的柔性化、透明化以及可穿戴等发展需求。

纳米印刷电子技术是印刷技术在电子制造领域的拓展应用，是将具有导电、介电或半导体电学特征的各种纳米导电油墨，采用印刷方式实现其在不同承印基材表面的图形化，从而实现增材方式制造电子电路以及元器件产品的技术。它不仅能够实现柔性电子产品的印刷制备，而且具有高效、低成本和批量化生产的突出优势，因此可广泛应用于无线射频识别标签、柔性晶体管、透明导电膜、可穿戴传感器、微纳电子电路等的制备，在信息、能源、医疗、国防等领域显示出广阔的应用前景。例如，将印刷技术应用于透明导电膜（触摸屏的透明电极材料）的印制已获得成功。利用印刷纳米银导电油墨的方法，可以制备出导电性与透光性优良的透明导电膜产品。另外，将金属、半导体、有机和碳材料等通过印刷制造不同信号传感机制的可穿戴传感器，已成为国际上的研究热点，并在体温、脉搏、关节运动等监测领域实现了广泛应用。

5．纳米印刷光子

生活中常见的色彩主要来源于染料和颜料，它们在给人们带来美丽的彩色世界的同时，其生产和使用过程也产生大量的污染，给环境带来严重破坏，并且染料会发生老化褪色而影响印刷品的寿命。与染料和颜料不同，自然界中有一些颜色来源于材料的微纳米结构，例如孔雀的羽毛、蝴蝶的翅膀等呈现的斑斓的色彩，这种色彩被称为“结构色”。

光子晶体就是一种具有周期性结构的光学半导体材料，其光子带隙在可见区时会呈现结构色，且具有不褪色、绿色环保和彩虹效应等优点。因此，可以将光子晶体材料制备成光子油墨，在特定应用领域取代传统颜料、染料，在包装、显示、装饰和防伪等领域发挥重要价值（图2）。如在智能包装方面，纳米光子材料使用在化妆品的包装上，可以指示消费者根据温度、湿度的差异使用不同的产品；在显示方面，纳米光子材料可以用于高性能显示器的开发；而在生物医学领域，印刷光子芯片为低成本制造高灵敏医疗检测产品提供了有效途径。虽然纳米印刷光子还处于初期研究阶段，但已在太阳能电池、高效发光、新型显示、高灵敏检测、防伪包装、光电探测与光波导等器件的制备方面显示出了广阔的应用前景。

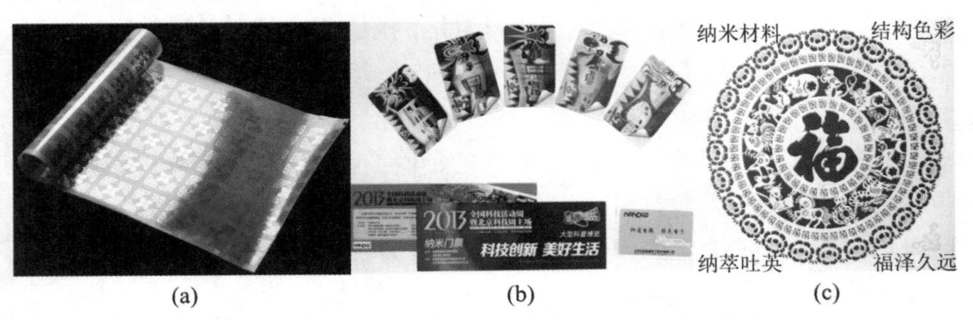

图2　印刷电子线路(a)；印制的电子票卡(b)；光子晶体结构色(c)

互联网技术的迅速发展和广泛应用，使电子阅读迅速走入人们的生活，数字出版呈现出蓬勃发展的趋势，传统的纸质出版印刷受到严重冲击，再加上环境保护标准的不断提高，印刷行业面临前所未有的挑战，而纳米印刷为古老的印刷术描绘了绿色未来。中国的科研人员提出了纳米绿色印刷制造的发展设想，通过纳米科技的进步，努力推动印刷技术向“绿色化、功能化、立体化、器件化”发展。相信随着科技的不断进步，纳米印刷会绽放出更加神奇的魔力，为人类文明的发展贡献更多来自中国的力量。

从哈利·波特的“复活石”到机体修复的再生医学材料

卢嘉驹　王秀梅*

再生医学材料的发展史

在《哈利·波特与死亡圣器》的结尾，邓布利多留给哈利的金色飞贼打开后，哈利发现了藏在里面的“复活石”。复活石作为故事中死神送给三兄弟的死亡圣器之一，许多人都希望得到它，从而能获得起死回生的超能力。因为从古至今，上至帝王将相，下至平民百姓，躲不开的就是死亡与疾病的困扰。古希腊神话中普罗米修斯的肝脏不断再生，《西游记》中齐天大圣孙悟空拜师学艺求长生不老术，这些都反映了人类希望能实现器官再生，对抗疾病、衰老和死亡的愿景。可以说在人类的发展史中，再生，是一个一直都存在的话题和难题。

虽然复活石并不能真正使人复活，长生不老目前也只存在于神话故事中，但在奇妙的自然界，再生现象却普遍存在着。比如当你看到断尾的壁虎，它的尾巴又长出来了；又比如当你看到把片蛭的头部切掉后，它自己又重新长出了头；还有蝾螈，它同样有着自我修复四肢和器官缺损的能力，甚至是它的大脑组织(图1)。如果人类能有这种能力该多好啊！但是，由于人体内器官组织各司其职、高度分化，所以在多数情况下自我更新和修复的能力都比较差。据统计，我国每年都有超过100万的患者等待着器官移植，由于没有足够的供体，仅有1万余人可以得到器官移植得以活命的机会。所以说，开发再生医学材料、实现人体组织和器官的修复和再生，是一项亟

* 卢嘉驹、王秀梅，清华大学材料学院。

须解决而又利国利民的任务。

图1　断尾能再生蝾螈和壁虎

再生医学是一门新兴学科。1992年,L. Kaiser在其发表的一篇文章中正式提出了“再生医学”(Regenerative Medicine)的概念。而让再生医学这个概念真正得到普及和推广的则是著名的基因组学权威专家威廉·哈兹尔廷(W. A. Haseltine)教授。在研究人胚胎干细胞和生殖细胞的过程中,他意识到这些细胞具有多能性,即可以分化成其他类型的细胞,进一步成为受损组织和器官的有效替代品。由此为开端,大批的科研工作者和临床医生投入到这个充满着活力与希望的领域中来。

再生医学还是一门交叉学科。因其内容之广泛,很难对其下一个简单的定义。它的宗旨是促进人体细胞、组织和器官的修复、替代与再生,为此它结合了包括但不限于细胞生物学、遗传和分子生物学、组织工程和材料学等学科的知识。在这其中,再生医学材料作为递送治疗性细胞、外源性生长因子和药物的载体,起到重要的作用(图2)。从只具有简单功能的支架材料,到可以构建为细胞的生长、增殖和分化提供良好的微环境,再到发展为与细胞和生长因子在体外共同形成新的器官或者组织,最终移植到需要的病人的体内。这些都少不了再生医学材料学家和医生的通力合作与努力,目前由再生医学材料所开发的人工髋关节、心脏瓣膜和血管等产品已经成功地应用于临床中,造福了广大患者群体。

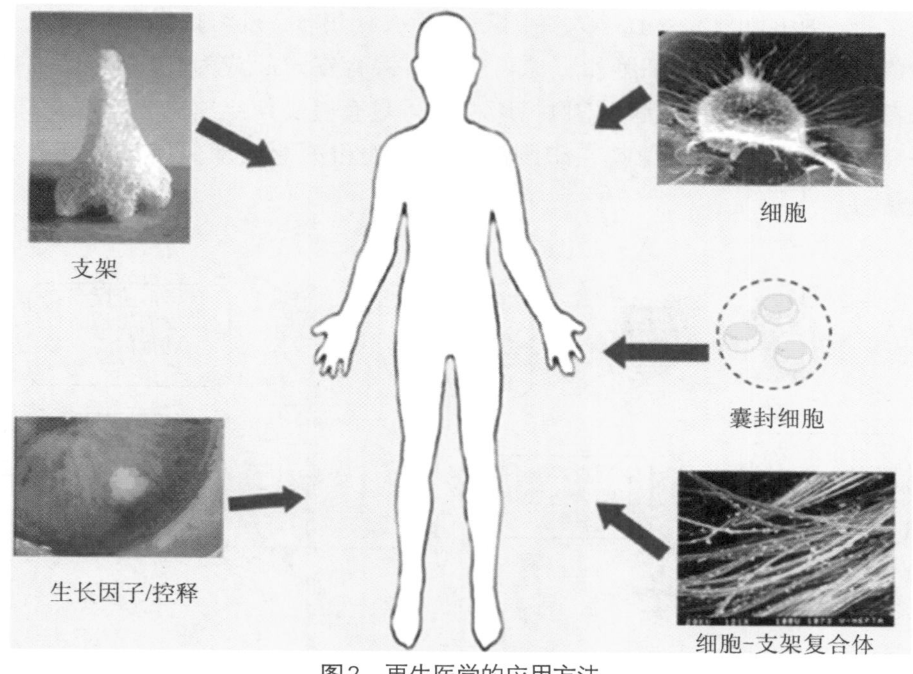

图2　再生医学的应用方法

再生医学材料的应用和研究进展

随着再生医学材料的发展和不断应用，临床外科也经历了从过去的三个"R"阶段，即切除(resection)、修补(repair)和替代(replace)，到目前进入了再生(regeneration)的新阶段。近年来，再生医学材料已经广泛应用于临床实践当中。

1. 角膜再生医学材料

角膜疾病是常见的眼部疾病，严重时可以致盲。虽然眼角膜移植技术获得了巨大的成功，但是由于移植后排异反应及长期需要免疫抑制治疗而带来的感染、青光眼等并发症严重影响了患者的生活质量。并且受限于角膜供体的紧缺，大量的需要移植的患者得不到有效的治疗。

1995年，Tseng和其团队最早发展了利用羊膜基质应用于角膜移植的工作。羊膜基质由于其为透明结构，缺乏免疫原性，具有抗血管生成和抗炎的功能，并且羊膜的来源胎盘相对易得，容易制备和移植使用，越来越多地被应用在眼部病变的手术治疗中。2018年，来自英国纽卡斯尔大学遗传医学研究所的Isaacson等人在国际上首次利用3D打印技术制造出人工眼角膜。他们将角膜细胞和胶原再生材料混合在一起成为生物墨水，根据患者眼部的扫描结果，通过3D打印机获得具有其类似结构的人工眼角膜。研究发现这种人工眼角膜在印刷后的第一天和第七天都保持了较高的细胞活力。

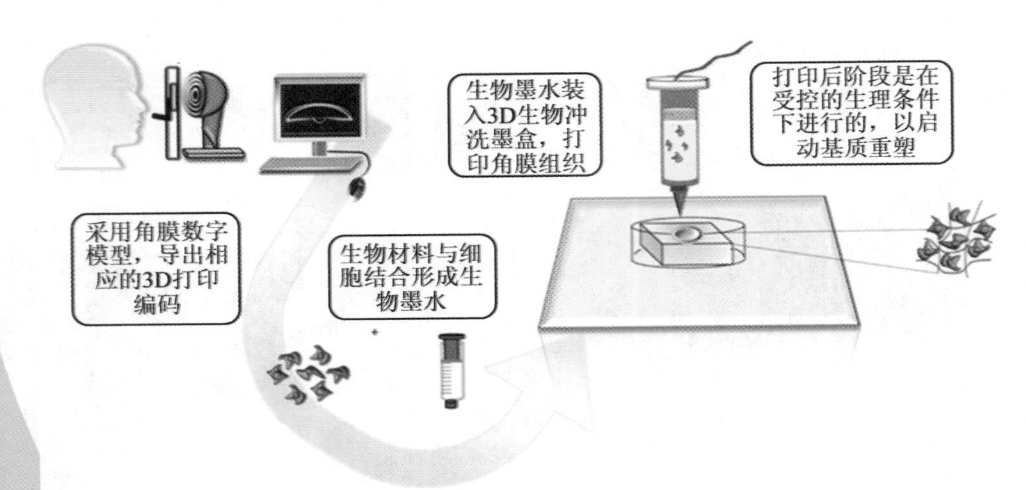

图3　3D打印人工眼角膜技术

2. 骨再生医学材料

因年龄、疾病和创伤而导致的骨损伤和骨关节疾病严重影响了患者的生活质量，而一直以来使用的体骨或异体骨移植治疗大面积骨不连、骨缺损的方法存在着一定的缺陷，前者有二次手术、增加患者痛苦的缺陷，后者则有免疫排斥、生物安全的担忧。因而，科学家和医学工作者利用再生医学材料，在促进骨缺损愈合治疗上进行了大量的研究。从第一代的以惰性材料为主，如金属、生物陶瓷材料，到第二代的生物活性材料，如生物活性玻璃、羟基磷灰石等，再到以纳米仿生复合材料为主的第三代再生材料，骨再生医学材料取得了较大的进步和发展。

骨是人体内最大的组织器官，也是最为复杂的生物矿化系统之一，其主要成分包括羟基磷灰石和胶原纤维（图4）。从仿生的角度出发，模拟人正常骨的分层结构构建骨再生医学材料是一种好的思路。清华大学材料学院的崔福斋教授对骨痂的分层有序结构进行了研究，在体外模拟了生物矿化的过程，利用胶原分子的自组装原理，发明了纳米晶磷酸钙胶原基骨修复材料。材料的表征实验显示其孔隙率、晶体尺寸及取向与天然人骨的成分和结构十分类似。经过一系列的动物实验和临床实验，纳米晶磷酸钙胶原基骨修复材料获得国家食品药品监督管理局的正式批准，成为可以在临床使用的医疗器械。

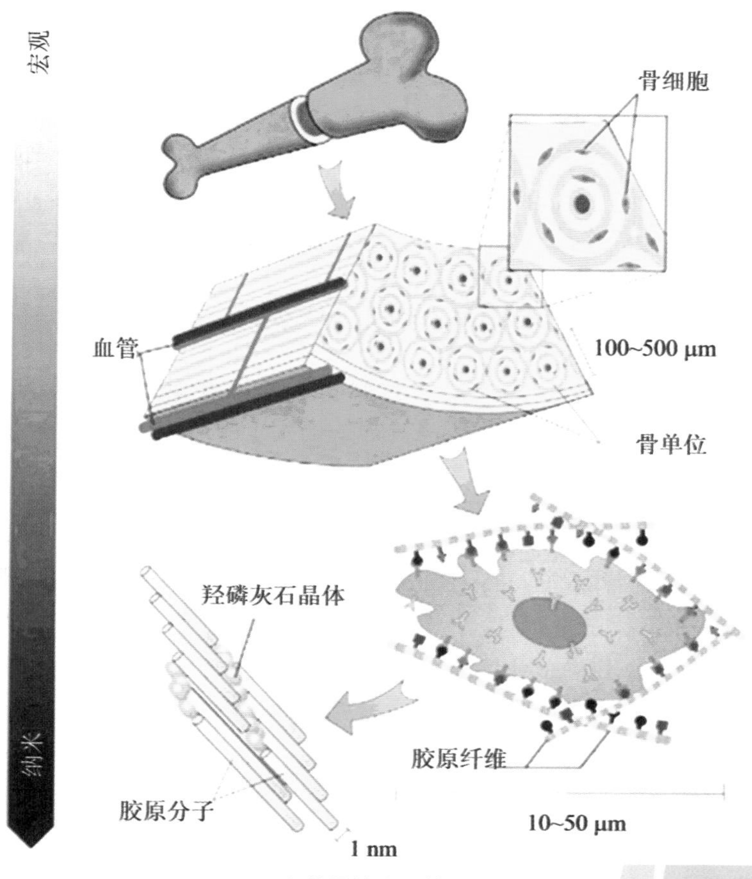

图4　人体骨的分层结构示意图

3. 神经再生医学材料

人体的神经系统可以分为中枢神经系统和外周神经系统。中枢神经系统包括了脑和脊髓，其损伤一直是临床上的难题。这是由于中枢神经系统自身的修复能力很差，损伤后炎性反应可导致疤痕组织的形成，在损伤处产生一个封闭的不利于再生的抑制微环境。脑和脊髓的严重受损可导致病人瘫痪，甚至是死亡。临床上对于中枢神经损伤尚没有特别好的治疗方法。目前科研工作者也在全力研发神经再生医学材料的产品。对于脑损伤的治疗，由于透明质酸是脑组织细胞外基质的重要成分，因此有大量研究对其改性、搭载活性生长因子及神经干细胞递送到脑损伤处。而对于脊髓的损伤，针对脊髓纤维的定向性，具有定向性的胶原、纤维蛋白等材料正在开发使用到脊髓修复的研究中。

外周神经系统，相对于中枢神经系统来说，其有一定的自我再生能力。目前，临床上针对短距离的外周神经损伤，采用的是端与端直接缝合的方法。而对于长距离、大尺寸的外周神经损伤，自体神经移植一直是临床上的"金标准"。而自体神经移植同样面临着需要二次手术、供体不足的困境，寻找能够替代自体神经的再生医学支架移植物成为修复长距离外周神经缺损的一个方向。南通大学医学院的顾晓松教授提出了"生物可降解组织工程神经建构理论"，首先研制和开发了壳聚糖神经导管，并将其应用于临床。中山大学附属第一医院的刘小林教授研发了通过去细胞外基质的方法，制备了具有天然外周神经的支架架构的神经再生产品"神桥"。

4．皮肤再生医学材料

皮肤是我们与外界隔离的天然屏障，大面积的烧伤和创伤会导致皮肤的损伤，甚至最终导致病人的死亡。针对皮肤的再生医学材料的研究起步很早，目前也有多种产品问世。美国的食品药品监督局批准的皮肤产品有Biobrane、Dermagraft和Apligraft等，其已经在治疗烧伤、静脉溃疡等皮肤疾病上取得了良好的治疗效果。我国的科研工作者也积极研发，主要使用的材料有聚乙醇酸、胶原、壳聚糖等。

再生医学材料的展望

2005年，著名的《科学》杂志在创刊125周年之际，公布了125个目前尚未解决的重大科学问题，排在第7位的问题就是"什么控制着器官的再生"。到目前为止，虽然再生医学材料取得了长远的发展和进步，但这还远远不够，不仅再生医学材料与自体材料相比，还完全满足不了患者的临床需求，而且我们对于其中再生的机理也所知甚少，再生医学材料的研制还有很长的路要走。

救死扶伤的神奇玻璃

——生物活性玻璃

施孟超　吴成铁*

战火硝烟中的奇妙构想——生物活性玻璃的诞生

1967年的一天下午，时任佛罗里达大学助理教授的L. Hench（图1）正乘坐巴士前往纽约参加美国军方的一次材料研究大会。在车上他遇到了一位老朋友——刚从越南战场回来的医学专家C. Klinker。老友相见相谈甚欢，Hench教授滔滔不绝地介绍起了自己正在进行的能够抵御高能辐射的前沿新材料。听罢，C. Klinker陷入了沉思，片刻之后，他问Hench："如果你能做出这样一种暴露在高能射线中依然能工作的材料，那你能不能做出一种能够在人体内也正常作用的材料？"随后，他说起了他在越南见到的种种惨象。在战火四起硝烟弥漫的战场，年轻的士兵们受伤惨烈，远远看去，他们中的大部分血肉模糊，无情的炮弹夺走了他们健康的躯体，他们的身上、腿上、手上有大大小小的伤痕和窟窿。医生们通过给他们止血、截肢来保全他们的性命，他们的伤口愈合长出疤痕，然而缺失的骨头却再也无法长好了。在当时的医疗条件下，放进体内作为替代的金属或塑料的假体，遭到了身体很强的抵抗，种种副作用和并发症加剧了士兵们的伤痛。深受触动的Hench教授一下子感受到了迫切的使命感和突破创新的动力。在开完大会之后，他立马回到了自己的大学实验室，随后不久他向美国军方的医学研究机构提交了他在这一领域的研究方案，并很快获得了军方的资助。

*　施孟超、吴成铁，中国科学院上海硅酸盐研究所。

图1　45S5生物活性玻璃的发明者L. Hench教授

随后，针对这种能被人体自身接纳的新材料的研究进行得如火如荼。根据当时人们对自身骨头成分的充分了解，Hench教授和他的团队利用相似的成分尝试合成新的物质。经过了多次尝试和反复的改进，他们得到了主要由氧化硅、氧化钙、氧化钠和五氧化二磷等组成的化合物。他们把制得的新材料植入动物体内进行尝试。Hench的合作者外科医生T. Greenlee教授在实验过程中发现，这种神奇的新材料在植入大鼠的骨缺损部位6个星期后，就能够与周边的骨头牢牢地长在一起，不管是推、拉还是用力挤压，甚至通过大力的敲击，都不能把他们与自体的骨组织分开。随后，Hench和他的团队对这种材料进行了进一步深入的分析，检测了其精确的成分组成，并于1971年在科学期刊《生物医学与材料》上首次发表了针对这种新材料的系统性研究成果。这种被命名为45S5生物活性玻璃的新材料，成功地进入了人们的视线并引起了材料学界和医学界的广泛兴趣。三四年时间的集中突破取得的惊人成果，直接锁定了美国军方对这一项目的之后长达10年的慷慨投资，也为至今为止50余年的全世界范围内的生物活性玻璃研究拉开了序幕。

与人体组织的亲密接触——生物活性玻璃的作用

那么，究竟是什么神奇的东西组成了这种特殊的生物活性材料呢？为什么它能够在这么短的时间内与人体的骨组织建立如此密切的联系呢？下面，让我们走近一点，再近一点，一起来揭开生物活性玻璃的神秘面纱。

首先我们简单讲讲人体的骨头。与另一个它的好兄弟牙齿相似，骨头是人体最坚硬的组织之一。它支撑起了我们身体的各个部分，不仅保护着我们身体里的其他重要器官，也让运动成为了可能。把这种看似简单坚硬的骨组织放到扫描电子显微镜下观察，我们就会发现，骨头不仅仅是单一的结构，它的内部就像我们建房子用的钢筋混凝土一样，这种类似于钢筋的结构叫作胶原纤维；另一种含有钙、磷等主要成分的无机物则像混凝土一样，与胶原钢筋有序地排列结合，形成了坚固的骨头。而生物活性玻璃，正是模仿了这种组成骨头的无机成分，选择合适的比例，将富含钙、磷、硅、钠等各种氧化物的粉末进行磨细混合，并在1300～1500摄氏度的马弗炉中进行熔融烧结，最终得到了这种含有45%氧化硅、24.5%氧化钙、24.5%氧化钠和6%五氧化二磷的新型玻璃，如图2所示。

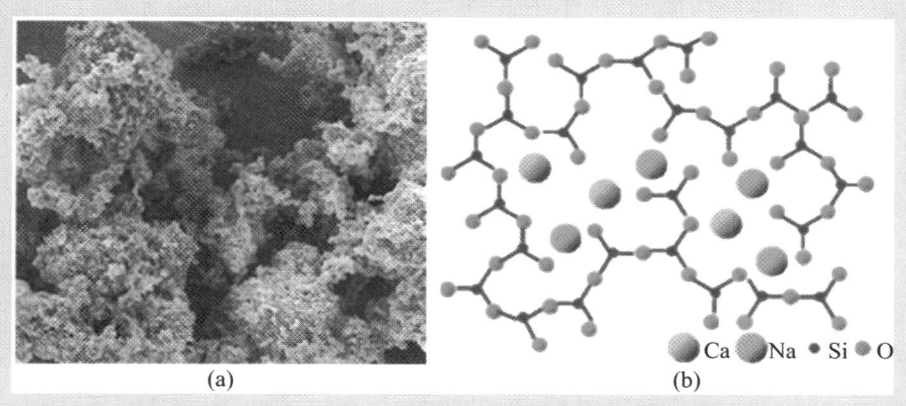

图2　(a) 扫描电子显微镜下的生物玻璃粉体；(b) 组成生物玻璃的原子结构示意图

正是这种复合了多类无机物的新材料，在植入人体之后，能够发挥自己独特的作用。简单来说，当这种生物玻璃与体液接触后，其中包含的钠离子会首先进入周围环境中，材料表面的二氧化硅则会与周围环境中的水结合，带上负电荷，并吸引在周围游走的带有正电荷的蛋白质，以及游走的带有正电荷的钙离子和带有负电的磷酸根离子。就这样，一方面，周围体液中的离子们纷纷赶来；另一方面，植入的材料又在周围环境的鼓励下渐渐溶解，离子在材料表面富集，渐渐地形成了一层与人体骨头中的混凝土无机物相似的结构。而这些溶出的离子，也在影响着周围细胞的生命活动，细胞在受到刺激的情况下分泌出了多种能够促进骨头再生的物质。混凝土层与骨头中的胶原纤维长在一起，也就把这种新材料与骨头牢牢地结合在了一起。

这种结合的作用首先被用在了小块骨头缺损的治疗中，人们将成熟的生物活性玻璃粉末填充在缺失部位，新的骨头在一段时间后就能长起来。这样的应用包括了中耳小骨的修复、牙周缺损的修复、脊椎假体的制作以及胸骨缺损的治疗和修复。人们将这种神奇的玻璃用在战争中受伤的士兵身上，用在地震中失去身体部位的伤者身上，挽救了无数的生命，也创造了无数的奇迹。

意气风发的勇敢小卫士——生物活性玻璃的未来

事物总是在不断发展变化着，生物活性玻璃这种有着几十年生命的神奇材料，也在科学技术的不断进步中迎来了自己一次又一次的创新革命。

早些年的生物玻璃，都是用混合粉末通过高温煅烧的方式进行合成制备的。然而这种方法不仅需要特殊的设备，而且需要很高的温度，也就意味着要消耗大量的资源。20世纪90年代后发展起来的一种新的化学合成方法——溶胶凝胶技术，被引入了生物玻璃的制作中。人们不再需要固体的氧化物粉末，取而代之的是液体的化学试剂，在一些特殊的酸或者碱的帮助下，这些化学试剂能够形成黏黏的胶状物质，把这种胶状物质干燥后，只需要在几百摄氏度的温度下煅烧，就能获得相似的生物活性玻璃材料。这样一来，不仅降低了对于设备的要求，也大大降低了实验的温度要求，能够节约大量的能源，也保护了地球环境。

这种新的合成方法带来的另一个好处是，在选择反应液体的过程中，生物活性玻璃的组成成分可以进行更自由的变化调节。人们可以针对不同的需求，去定制各种各样的生物玻璃。更厉害的地方在于，如果在这种合成过程中加入一类叫作表面活性剂的特殊化学物质，就能改变生物玻璃的结构，让生物玻璃带有内部的通道，这种新型的生物玻璃也有个新的名字，叫作介孔生物玻璃。这种内部的通道，就像哆啦A梦的神奇口袋一样，可以装进去各式各样的新奇小玩意——具有特殊治疗功能的药物。这就仿佛给生物玻璃插上了一双翅膀，使它在修复骨头缺损的同时，有了更加强大的力量。

当然，在如今插上了翅膀的生物玻璃，已经不单单是用来治疗各种与骨头有关的疾病才用到的秘密武器了。科学家们在不断的研究中发现，生物玻璃对人们的口腔健康也有着十分重要的影响。把它加入到牙膏中，可以起到消炎止血、加速口腔溃疡愈合的作用。不仅如此，它还能坚固、美白牙齿，消除口腔异味等，相关的最新产品在美国被誉为牙膏工业的最新革命。生物玻璃对皮肤的伤口愈合也显示了它独特的能力。把这种生物玻璃与其他的凝胶材料结合起来使用，能够作为伤口的治疗产品，防止皮肤溃疡、糜烂等不良现象的发生。

而在还看不到成熟产品的实验室里，科学家们正在对生物玻璃进行更丰富的改进和调节：他们把不同的对人体有益的营养元素加入到生物玻璃中，期待出现更神奇的效果，把生物玻璃涂在现在已经使用但并不理想的各种金属的、高分子的医用材料和器械表面，希望能把现有的材料变得更好更耐用；用先进的制造技术——3D打印，把粉末状的生物玻璃塑造成结构更复杂、更逼真的人体骨部位(图3)，希望能够大段地整块地取代本已坏死的组织。科学家们也积极地取长补短，充分利用其他的材料，把生物玻璃的优势结合进去，来创造更好的复合材料。

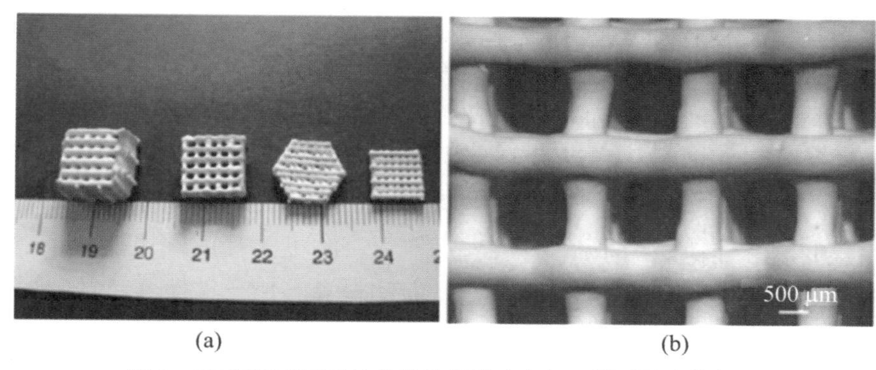

图3　3D打印成特殊结构的生物玻璃支架(a)用于骨头修复(b)

救死扶伤的生物活性玻璃，正在不断地演变进化，更加美好的未来，正在向这个勇敢的小卫士招手。

人类的健康卫士
——生物医用材料

杨淑慧　王秀梅*

谁来守护我们的健康？

当受伤的病人躺在手术台上，是谁止血缝合，令枯木逢春，化腐朽为神奇？当残缺的骨骼难以支撑全身，是谁提供支持，让行走再次成为可能？当坏掉的牙齿刺痛着神经，是谁填补漏洞，让美食再次成为一种享受？当爱美的女人叹息松弛的皮肤，是谁抚平皱纹，让皮肤回到年轻时那般紧致有弹性？……是止血材料和手术缝合线，是人工骨，是牙科植入体，是胶原蛋白……它们有一个共同的名字——生物医用材料。

我们的身体像是一个做工精良、运转周密的机器，每一个器官都代表这个机器里的一个零件。俗话说，牵一发而动全身。每个零件各司其职，当某一个零件出现问题，整个机器的运转就会受到影响。大到核心零件，比如大脑、心脏，当它们出了问题，身体这个大机器可能立刻会停止工作；小到一颗颗牙齿，都关系着我们的饮食和营养的摄入，当蛀牙侵蚀了它们，疼痛即随之到来，甚至整个牙齿都会坏掉，既影响吃饭，也不美观。那么，零件出现问题的时候，应该怎么办呢？

如果是现实中的机器零件坏了，我们会想，当然是换一个新的了。可是生物体这个大自然精雕细刻下的杰作，并没有给我们替换装。幸运的是，它给了我们再生修复的能力。小小的伤口自己可以愈合，磕碰的淤青会慢慢消失，这都是人体再生修复能力的体现。但是这种再生修复的能力，随着人

*　杨淑慧、王秀梅，清华大学材料学院。

类的进化变得越来越局限，大自然给了我们聪明的大脑，却也收走了很多再生的能力。水螅能长生不老，壁虎的尾巴断了还可以再长出来，纵有各代帝王醉心于长生不老丹药，也未见有人突破这一桎梏。既然无法自身再生，聪明的人类想，如果用外在的物质充当原有零件，或者加快缓慢的再生，是否就能使“机器”运转如常？

横跨4000年的远古技术

50年前，生物材料的概念还未出现，更没有生产生物医学材料的厂商，然而实际上，生物医学材料很早就存在了，甚至可以追溯到人类文明以前，只是当时的人们没有给予它“生物医学材料”这个名字，而它也默默地守护着一代又一代的人类，为人类的健康保驾护航。

早期的狩猎和随处可见的征伐杀戮都会导致无法避免的身体损伤，生物医用材料成为人类史上不可或缺的必需品。早在3200年前，古埃及人使用棉花纤维、马鬃、亚麻缝线作为手术缝线，对伤口进行处理。而在中世纪的欧洲，有人使用肠线进行伤口的缝合。后来，金属的缝线比如金丝、银丝等也都被用来缝合伤口。3000多年前，中国的华佗就用丝绸线开展各类简单的外科手术。

牙齿的更新换代是困扰人类几千年的问题。在我们的一生中，有两副牙齿，婴幼儿时期的乳牙，共有20颗，从6岁开始，到12岁左右，乳牙脱落，长出恒牙，恒牙将陪伴我们一生。很多人不注意牙齿卫生，吃完糖果等甜食不及时刷牙，使牙齿受到损伤，产生蛀牙，就需要补牙甚至拔牙。几千年前，人们所吃的食物远没有现在这般精细，对于牙齿的要求更高，因此牙齿损伤的概率也更高。人们在公元前500年的中国和埃及墓葬中发现了假牙。公元元年前后，罗马和中国等国家开始发展出黄金制作的假牙。公元600年，玛雅人用海里的贝壳制作出具有珠光的牙齿，为人体服务。

同样，肢体的缺损会使远古的人们行动不便，为了克服这个问题，早在公元前1500年，古印度就已经有木制的假肢。紧接着，古埃及也发展出取代原本坏死部位的木制手指假肢。

早期，材料的应用还局限在身体表面，身体内部的修复由于麻醉技术的缺失而发展得更加缓慢。古代中医使用麻沸散使病人在手术前免除了原有的痛苦，14世纪，文艺复兴和启蒙运动带来了文化、艺术的爆发，也促进了科学的发展。英国化学家J. Priestley在1772年发现人在吸入一氧化二氮后会发笑，故将其取名为笑气。后来，美国牙科医生H. Wells尝试吸入笑气后，发现它使人对挫伤失去了痛觉。1845年，麻醉时代正式展开，医学迈入了外科领域，生物医用材料开始被用在人体内部。

二战后的“英雄”——外科医生

第二次世界大战后，生物医用材料迎来了快速发展的重要时期。战争时军用的高性能金属、陶瓷和高分子等材料开始纷纷转向民用，原先用于制造飞机和汽车的材料，被外科医生用于医学研究。生物材料的种类和数量有了井喷式发展。特别是二战后各种伤病患者激增，在医疗技术和监督管理等方面的资源都极其匮乏的情况下，外科医生成为生物医学材料研发的中坚力量。在很短的时间内，外科医生们尝试了各种新型材料来置换或修复患者各种损坏的组织和器官。虽然这些治疗手段有很大的风险，但由于当时并没有其他治疗方案可供选择，外科医生在当时被称为二战后的“英雄”，为生物材料学科的建立奠定了坚实的基础。

在此之前，虽然生物医用材料发展了很多年，由于当时人们对人体的了解还不够详细透彻，当各种各样的材料用在人体上时，不可避免地会引起人体对外来物质的排斥和抵抗，即免疫反应。人体的免疫系统有三道防线，就像是保护人体的小卫兵，能及时有效地监测所有外来的微生物与物质，一旦有异物闯入监测范围内，就会引发体内的防御机制。生物医用材料作为一种外来物质，在进入人体后，免疫系统的小卫兵们马上就会聚集而来，将材料包围，随之引发红、肿、热、痛等炎症反应。如此严密防卫的免疫系统，几乎让当时金属类的生物医用材料难以突破。科学家将各种金属、人工材料植入老鼠体内，几乎所有材料均出现了明显的免疫排斥，直到用了钛。钛的出现改变了整个植入材料的历史。是否有可能出现人工合成的材料，并且具有人体的功能，甚至在某些程度上可以修复原有的人体组织，替代原先组织的功能呢？随着人工合成材料的不断进步，最新的生物医用材料给了我们答案。

折射美丽的世界——人工晶体

二战之后，H. Ridley医生发现，经历了第二次世界大战的飞行员的眼睛里面，竟然有塑料碎片！这些塑料碎片不是有意植入的，而是来自Spitfire和Hurricane战斗机机舱盖上的碎片！原来，飞行员在英勇战斗过程中，爆裂的飞机舱盖碎片进入到眼睛中，并且在战斗结束后并没有取出，大多数飞行员眼里的塑料碎片已经存在数年之久。当时的普遍观点是，人体不能忍受植入的异物，尤其是脆弱的眼睛。但是，Ridley注意到飞行员眼中的碎片已经与周围融为一体，飞行员没有任何不适，因此他认为眼睛可以容忍这一类碎片的存在。这种能够在体内稳定愈合的、没有严重的炎症或刺激作用发生的现象叫作“生物相容”。Ridley进一步调查，发现塑料片的来源是ICI公司Perspex牌的聚甲基丙烯酸甲酯。现代人俗称它为有机玻璃，顾名思义，像玻璃一样透明，但不会像碎玻璃一样容易使人受伤。在我们的生活中，有机玻璃随处可见，例如家里的灯具和电视机荧屏等。Ridley马上订购了这种材料，并且做成能够植入人体的透镜（人工晶体）。我们通过眼睛看清这个多彩的世界，眼睛中很重要的部位就是晶状体，它像一个凸透镜一样，晶莹剔透，将远处和近处的景象清晰地折射到我们的眼睛里。晶状体也会生病，因为各种原因使晶状体发生浑浊时，光线无法透过浑浊的晶状体到达视网膜，就会导致看东西很模糊，这就是白内障。Ridley用有机玻璃做成人工晶体替换那些患有白内障的天然晶体，使白内障病人重新见到了清晰而美丽的世界。20世纪80年代早期，人工晶体成为生物医疗装置市场的主导产品。因为Ridley独特的见解、创新性和坚韧不拔的精神以及他在外科方面的天赋，人工晶体才有了今天工业规模的生产，每年有超过700万个人工晶体植入人体。在人类的历史发展过程中，白内障就意味着失明，即使是通过外科手术治疗，也会使患者戴上厚厚的玻璃眼镜，而生物相容的有机玻璃，守护了成千上万个白内障患者的光明。

吃货福利——牙科植入体

牙科植入体的更新换代离不开金属材料的发展。牙齿是人体内最坚硬的器官，我们平时看到的乳白色的牙齿，其实是牙釉质，它是人体内最坚硬的组织，可以经受成百上千年的岁月洗礼和风霜折磨。为了与牙齿的特点相匹配，需要一种坚硬的材料来制作牙科植入体。金属材料具有很高的机械强度，在早期被用于牙科植入体的研究。19世纪，科学家们用金和铂材质的柱状固定件将牙齿固定到牙槽中。1937年，Venable采用手术用的钴铬合金和Co-Cr-Mo合金制作了植入体。哈佛大学的Stock制作了钴铬合金的螺旋形植入体。1952年,瑞典Lund大学矫形外科医生P. I. Branemark将金属钛的圆柱体拧进兔子的骨头内部,进而观察骨头的愈合反应。经过数月的实验完成后,他试图取出钛装置,此时发现钛植入体已经和骨密切地结合在一起了,无法将其分开。这一现象说明,金属钛具有良好的“骨整合性”,即植入体与生物体的骨组织没有阻碍地直接接触,是让免疫系统的小卫兵们放心的材料。随后,金属钛和钛的合金开始广泛地应用于外科和牙科,直到近年来,大多数的牙科植入体和矫形植入仍是由钛及其合金制造的,现如今因为美观等原因,逐渐被纳米树脂充填材料所取代。

行走的力量——人工髋关节

位于腰部左右位置的髋关节,是连接骨盆与大腿骨之间重要的转轴,也是最容易受到损伤的地方,跟膝盖一样承受着相当程度的活动负担。美国外科医生S. Petersen率先挑战人工髋关节这个难题,他在1925年利用玻璃作为大腿骨前缘与盆股髋臼之间衔接的材料,但玻璃易脆的特性,马上就让Petersen遭受到挫折。锲而不舍的Petersen又接连尝试塑胶与不锈钢,但这些硬质材料所导致的摩擦问题,却让患者感受到相当大的痛楚。虽然Petersen接连的挫败,但也给了后进者一个重要的参考,那就是材料与骨头之间的摩擦问题。两个硬度都在一定程度以上的材料,势必会在运动的过程中互相摩擦,但如果再加上如软骨一样有弹性的软质材料,是否情况就能改善了呢?这个结合各种材料优点的想法,接着就被英国医生J. Charnley所想到。他采用将有机玻璃置入髋臼的方法,避免让大腿骨前缘的钴铬钼合金材料与盆骨做直接的接触与磨耗。在实际应用下,这种方法可以有效避免疼痛。目前用人工关节替换原有破损关节后,可发挥原有关节的作用,基本都可以使用数十年。

人体的支柱——脊柱填充物

脊柱是人体主要的支持物,维持人体的直立行走,是身体的支柱,有负重、减震、保护和运动等功能。但脊柱也是容易被破坏的地方,青少年的背包,中年的重担,老年的行李,无不例外地压在小小的脊柱之上,一旦椎体被破坏,人体全身的结构稳定都会受到严重的干扰,腰酸背痛、手麻脚麻等问题就会随之而来。1984年，Gallibert和Deramond等人在人体内注射人工材料，使得原先被压扁破裂的脊柱恢复了原来的面貌，保护了脊柱的功能，因为是微创，所以患者第二天就可以下床走路。该人工材料在体外如同胶水一样，注射进入椎体以后，就变得和骨头一样坚固，操作简单，患者痛苦少。

那么当椎间盘也出现问题了呢？椎间盘是椎体骨之前的垫片，是一种软的、具有弹性的物质，是人体运动中的主要缓冲物。生物材料出现之前，人们就简单地把两个椎体融合在了一起，但是椎体的融合容易出现行动不便等问题。现在人工椎间盘的出现解决了这个问题。当椎间盘出现问题时，取出原来的椎间盘，植入人工椎间盘，能很大程度上替代原有椎间盘的作用，又保留了原来椎体的功能。

当代人类的健康卫士

生物医用材料是医疗健康产业的物质基础，引导着当代医疗技术和健康事业的革新和发展，是当代人类的健康卫士。传统的外科手术只能在小范围内修补破损组织，当身体组织有大范围的破损时，只能取患者自己身上的组织替换。比如大面积皮肤缺损，往往取患者腿部、股部皮肤替换，大面积骨头缺损，往往取骨盆上的骨头替换。这让患者痛苦不堪，并且来源有限，取的部位也有限。生物医用材料的出现改变了这个问题，植入材料简单、方便的获取，减少了患者的痛苦，使患者得到更好的治疗。同时大量高端生物医用材料和医疗器械的开发显著降低了心脑血管、肿瘤、创伤等疾病的致死率和致残率，大大提高了患者的生活质量。例如，白内障在过去就意味着失明，而借助有机玻璃制成的人工晶状体便可迅速恢复人眼的功能；人工关节及关节置换使得数以千万计的患者恢复了运动功能；血管支架、封堵器等介入性治疗材料和器械的使用将心血管疾病的死亡率降低了60%以上；心脏瓣膜的出现，使得之前无法救治的心病变为可能。透过材料与细胞的结合应用，除了让生物医学材料能有效修补损伤的组织外，也能从中达到功能重建的目的，甚至有可能完全替代原有的组织，如人工心脏、人工肝脏。

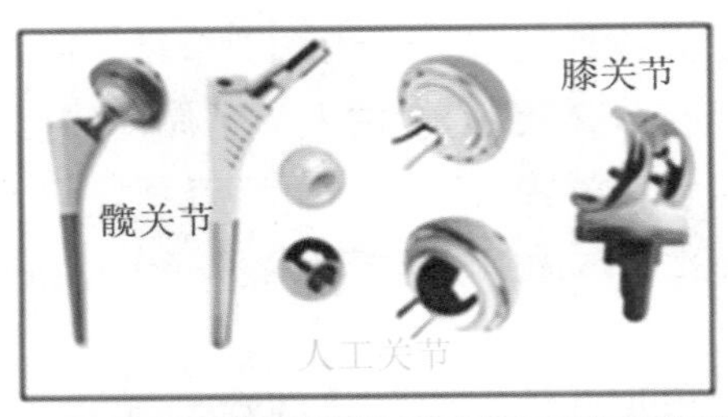

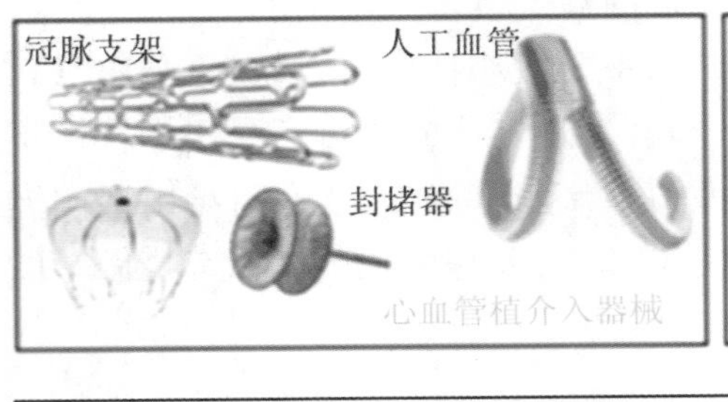

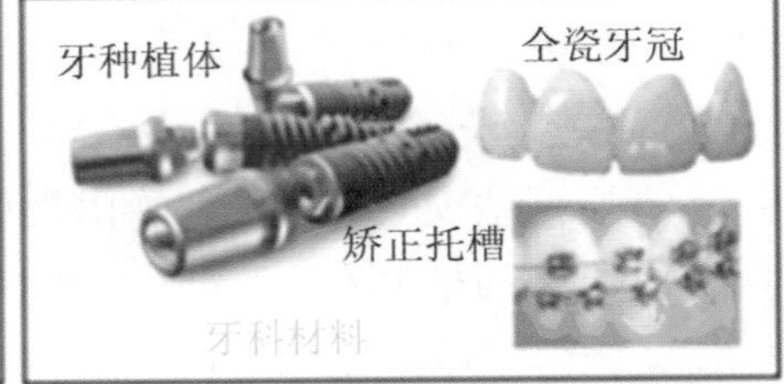

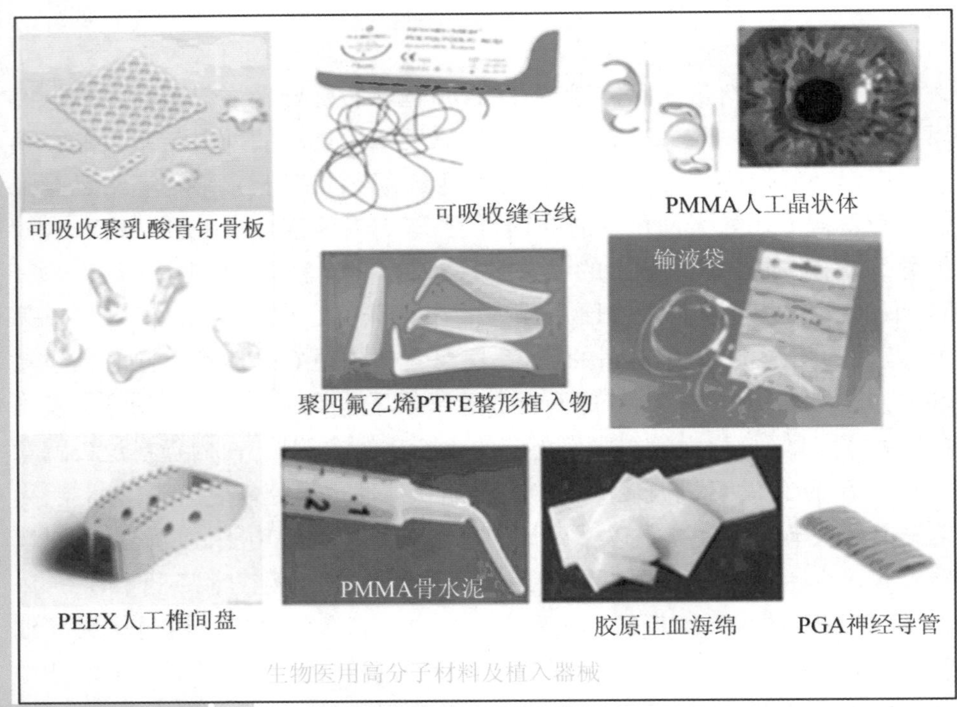

图1　典型的生物医用材料及植入医疗器械

在组织工程的协助之下，生物医学材料几乎能更有希望实现所有可能的应用。未来，我们期待着这位健康卫士能够实现我们梦想中的所有可能。

可逆的“光合作用”

——神奇的光催化

梁芬芬*

天然的光催化剂——叶绿素

40亿年前冥古宙时期，生命诞生之初的地球是一个荒芜的星球，地表布满火山岩浆，并不适合生物生存。大多数生命体只能生活在原始海洋中，它们不知道怎么制造营养物质，只能找寻低一级的生命体或者各种简单的有机物来提供自身的生命所需。可在那时，可供选择的有机物并不多，生物们能寻求的能源供给非常匮乏。太阳，这个强大而持续的能源给予了生命体更多的生存机会。光合细菌率先将太阳能引入了生命世界，依靠菌绿素来完成对太阳能的吸收和转化。菌绿素就像一把钥匙，打开了使用太阳能的大门。逐渐进化的植物们也开始尝试，用叶绿素作为催化剂，在太阳光的照射下，将水和空气转化为有机物。地球经过近30亿年漫长的演化，逐渐改变了恶劣环境，为生物创造了发展的温床。所以我们不得不承认，光合作用是地球上最伟大的反应，它能为几乎所有生物，包括人类提供物质和能量的来源。

如果把光合作用逆反过来看就是光催化反应（简称光催化），它是催化剂在光的作用下将光能转化为化学能的催化反应。光催化和光合作用是自然界中最简单也是最完整的物质循环（图1）。

---

* 梁芬芬，中国材料研究学会。

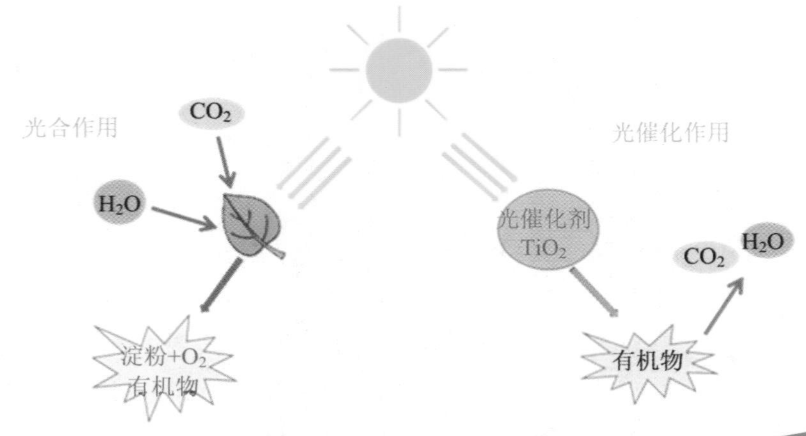

图1　光合作用和光催化作用循环示意图

为什么说"光催化是甲醛的克星"?

大家都知道,甲醛是一种对人体危害非常大的物质。它无色无味,人们看不到它,但它的存在不可避免,甚至隐藏在生活中的每一个角落,每年因它致病致死的人超过数十万。研究表明,室内甲醛超标已经成为诱发白血病的主要原因。不仅如此,甲醛超标还可能带来儿童哮喘病的发病率增高、儿童铅中毒、儿童的智力大大降低等各种危害。所以人们已经到了"谈甲醛色变"的地步。这个"影子杀手"挥发期较长,隐蔽性又较高,化学性质还比较稳定,是公认的"很难清除"。但是,人们还是找到了它的克星,那就是光催化。

我们先看看光催化的微观反应是什么样的吧。以常见的光催化材料二氧化钛(TiO_2)纳米粒子为例(图2):平常二氧化钛粒子很稳定,可它一碰到紫外光,就变得非常的"兴奋",把自己的电子e^-到处乱抛,它抛出电子后,自身还会出现一些空出的"电位"(我们常称为空穴h^+)。这些电子和空穴一旦和周围的物质进行反应,就可以完成化学能的生成和储存。比如,它们能把周围的氧气及水分子激发成氧化性极强的活性氧物种(比如:超氧离子·O_2^-,羟基自由基·OH),这些活性氧能与有毒的有机物反应,将它们转化为无毒的二氧化碳和水(有效降解有机物质)。它们可以将水和二氧化碳结合为简单的有机物,如甲醇(人工光合作用),还能还原和氧化水中的质子和氧负离子,产生氢气和氧气(光解水生氢)。

当任务完成之后，二氧化钛就“冷静”下来了，电子会全部跑回来，和空出的电位（空穴）再重新结合，回到原来的样子。以这种方式，二氧化钛粒子不仅自身没有消耗，而且还能进行能量转化，将光能转化为化学能，促进各种类型的化学反应。

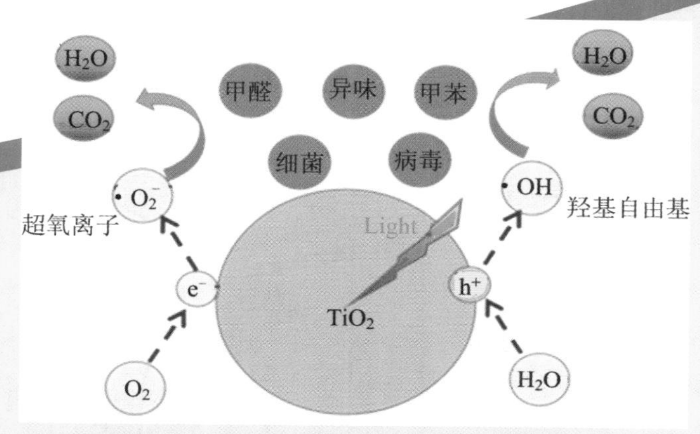

图2　半导体光催化反应的基本过程示意图

看来，甲醇这类有机污染物遇到光催化剂便“无路可走”了。发生光催化反应后，那些具有很强的氧化能力的活性氧物种，可以将甲醛彻底分解成无污染的水和二氧化碳。所以“甲醛虽可怕，收服它的方法还是有的”。

“光催化之父”——藤岛昭

提起光催化，不能不讲讲日本光化学科学家藤岛昭(A. Fujishima)。他因为发现二氧化钛(TiO_2)表面在紫外光照射下水的光分解现象，多次被诺贝尔奖提名，也被人们称为“光催化之父”。1967年，在东京大学就读研究生的藤岛昭在研究中意外地发现“在水中只用光照射半导体就可以摄取氢气”。他用一台钻石切割机，将坚硬的二氧化钛单晶体切薄切断，连上了铜线以增强导电性，制备了电极。将这个电极放入电解溶液中，使用紫外灯进行照射，电极表面就开始“噗噗”地产生气泡。通过测定，这些气泡正是水分解成的氧气和氢气。而反应之后，二氧化钛表面仍然闪闪发光，质量也没有发生变化。可当时他的发现并没有得到大家的重视。那时传统的观点是电解水得到氢气一定是要加电的，没有通电，是不可能产生出氢气的。因此他受到来自各方的严厉批判，差一点连博士也不能毕业。可他并没有放弃，依然坚持研究。每每看到绿叶，他总能想到自己的研究，仍然感到很兴奋。“因为这个实验原理实际上是金属材料中植物光合作用的另一个版本。想象一下，如果你将来可以利用太阳产生清洁的氢能……”直到1972年7月，他的研究成果终于在《自然》杂志上发表，这使得全世界都开始关注它——光催化。而光催化剂效应也被称为“本多-藤岛效应”(Honda-Fujishima Effect)(图3)，这个名字结合了藤岛昭和他的导师本多健一(K. Honda)的名字。

图3　本多-藤岛效应

在他之后，科学家们对光催化进行了更深入的研究。1976年J. H. Carey等由多氯联苯光催化氧化着手，开创了光催化在消除环境污染物方面的研究先河。1977年，T. Yokota 等发现二氧化钛(TiO_2)在光照下，对丙烯环氧化物有很好的光催化活性。这不仅拓宽了光催化的应用范围，也为有机物的氧化反应提供了一条新的研究思路。1983年，A. L. Pruden和D. Follio又发现光催化氧化对烃类氯化物等有机污染物有良好的降解效果。1989年，K. Tanaka等人报道了光催化方面新的研究进展。他们认为，有机物的半导体光催化过程是由羟基自由基(·OH)引起的，如果在反应体系中适当加入H_2O_2可增加·OH的浓度，提高光催化效率。到20世纪90年代，光催化的研究更加活跃，随着纳米技术的兴起及光催化在环境保护、有机合成和保健中的迅速发展，纳米光催化剂的研究已成为世界上最活跃的研究领域之一。

光催化材料家族成员

光催化材料家庭成员有“单兵作战”的纳米金属氧化物半导体，如二氧化钛(TiO_2)、氧化铁(Fe_2O_3)、氧化钨(WO_3)、氧化锡(SnO_2)、氧化铜(CuO)、氧化锌(ZnO)等，它们制备方法简单，原料成本低，使用方便，但缺点是光催化效率较低和可见光利用率低；有喜欢“团队合作”的双组分纳米半导体光催化剂，如硫化镉-氧化锌(CdS-ZnO)、硫化镉-二氧化钛($CdS\text{-}TiO_2$)、硒化镉-二氧化钛($CdSe\text{-}TiO_2$)、氧化锡-二氧化钛($SnO_2\text{-}TiO_2$)等，它们“合作”之后，光催化效率获得了极大的提高。

还有一类“引入外援”的，是在纳米光催化材料表面负载贵金属(如金、铂等)、石墨烯或碳纳米管，或者是“搭顺风车”类型的，在吸附剂载体(如二氧化硅、沸石、氧化铝、活性炭)表面再负载上各类光催化剂。这样一来，光催化剂就更稳定，反应的选择性更强，催化效率也更高。

“特立独行”的一类是钙钛矿型氧化物结构的光催化剂，如钛酸钡($BaTiO_3$)、钛酸锶($SrTiO_3$)、铁酸镧($LaFeO_3$)等组成的光催化剂，它们属于具有多种特殊物理化学性能的无机非金属材料，由于晶体结构稳定，组成多样，有良好的磁性、介电性和催化性能。

人造森林的“光合作用”

截至2004年，联合国的“未来太阳能利用”计划、美国“星球大战”计划、日本“创造科学技术推进事业”计划以及中国的“纳米科学攀登”计划等科技发展项目都将光催化研究纳入重点研发项目。这个学科的全球投资额已不低于近100亿美元，而日本著名的东陶公司甚至花费2亿美元进行专利布局，占据了日本市场光催化的领先地位。

也许我们可以畅想一下，在若干年后，地球被一片片广袤的森林所覆盖；所有建筑物的顶部也都覆盖着“树叶”，标志着工业化进程的工厂和烟囱再也看不到了。连大街上行走的人群，全都身披“树叶”……这些“树叶”都是人造的、智能的、环保的，他们会随着太阳调整自己的姿势，时刻提供各种能量需求。森林中的各种树木都在“大显神通”：有的“树”时刻维护着大气环境；有的“树”能不断地产生氢气；有的“树”则源源不断地发电。当各种智能汽车飞驰在街道上的时候，我们完全不用害怕能量供给问题了；人们身体上的“叶子”也连接了各种电子设备，随时连接到“树”上就可以充电了(图4)。

图4　未来 的“人造森林”

虽然这还只是我们的幻想，但这却是“光”的未来。“森林”就是我们未来的能源供给处和合成工厂，利用太阳光生产我们需要的一切。科学家们正致力于用太阳能去描绘我们的美好未来。

光催化的展望

光催化能解决人类当前面临的可持续发展难题，引起了科学家们极大的兴趣和热情，光催化技术取得了不少重要进展，但还是面临着一些重大挑战。

如何开发出性能更优良的光催化剂呢？目前，光催化材料存在如光吸收较小、表面反应速率低、体系本身稳定性较低、光催化活性不高等问题。高效的催化活性是科学家们选择光催化材料首要考虑的因素。除此之外，光催化剂材料本身的性质，如光催化剂的晶型属性和粒径大小、表面缺陷种类及分布、比表面积的大小等都是起决定性的因素。当然也要考虑催化剂的浓度、溶液的pH值、活性氧浓度、光照强度等影响因素。

其次，虽然光催化的研究在环境领域已经取得了巨大的进展，但在能源方向还有很大的研究空间。利用太阳能光催化直接分解水制氢是一项非常有吸引力的研究工作，是化学学科领域中的“哥德巴赫猜想”式难题。现在，光催化制氢的效率还很低，远远没有达到实际应用的10%，因此，光催化制氢的效率还可以进一步提高。这就需要科学家们持之以恒的耐心和无所畏惧的勇气，需要长期不断地坚持探究。

环境净化之必杀利器
——催化剂

李冠星　杨杭生　王　勇*

污染大军与环保大军激战中——

“报——报告将军，城外战况激烈，在空气中的NO_x（氮氧化物）和河流中废水污水的COD（化学需氧量）的双向攻击下，我方净化将士快抵挡不住了！”一名士兵奔来汇报。

“不曾想形势竟会如此严峻。”将军紧缩眉头，陷入沉思。

“是啊，如今汽车尾气、工业废气排放超标，即使限号限行，我们的净化将士也难以抵挡如此严重的大气污染。更何况，还有生活污水、工业废水（图1）在我方后翼侵扰，着实难以招架。”军师也叫苦不迭。

“我方将士还有多少？”将军问道。

“我方十万大军，几乎没有严重伤亡。主要是武器杀伤力较弱，消灭一名敌军需要击杀很久，而对方援军源源不断地赶来，速度上难以抗衡。”报信士兵答道。

“速度难以抗衡……”军师突然心生一计，“将军，不如我们试一下新研制的高效武器——铠特垒斯特？”

“研发成功了？”将军问道。

“定点投入试用了几次，效果还可以，大大提高了我方将士的进攻效率。

*　李冠星、杨杭生、王勇，浙江大学材料科学与工程学院。

在此危急情况下，可以一搏。”

“好！上新式武器——铠特垒斯特！”

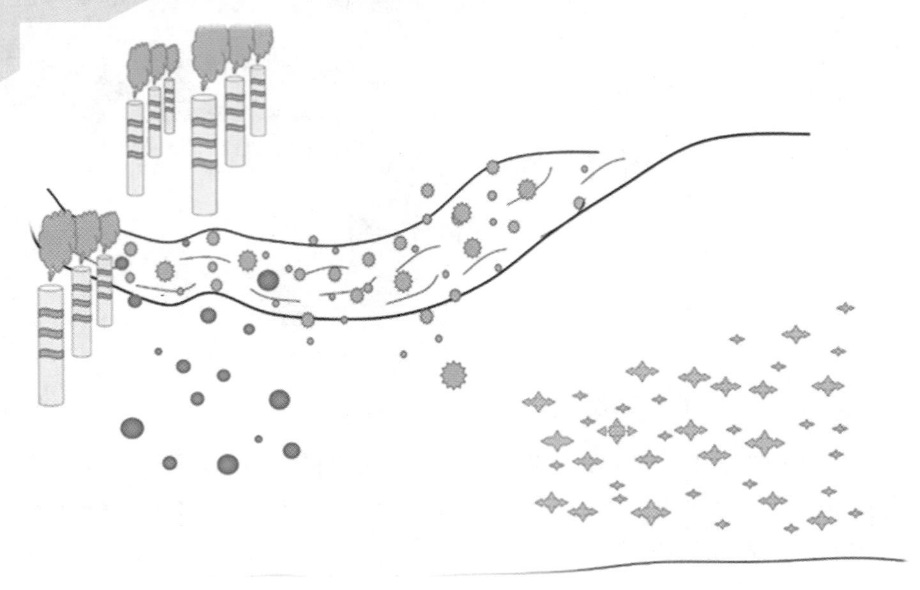

图1　工厂大气污染与河流污水排放

半盏茶的工夫。

“报——”

“战况如何?”

“回将军，敌军已被完全歼灭，我方取得大胜！”

言归正传，“铠特垒斯特”到底是何方神圣，得以在关键时刻力挽狂澜、扭转战况?

铠特垒斯特，英文名为catalyst，中文学名催化剂。顾名思义，“催”促“化”学反应进行的东西，简而言之，它能改变化学反应的速率而不影响化学平衡。

催化剂的偶然发现

关于催化剂的起源，还有一个有趣的小故事。

一百多年前，有个瑞典化学家名叫贝采里乌斯，他在妻子的生日那天跟往常一样还在实验室里忙碌化学实验。妻子安排了一场庆祝晚宴，等晚上亲友们都到齐了准备举杯的时候，他才从实验室匆匆赶回家，顾不上洗手就将一杯蜜桃酒一饮而尽。在喝第二杯的时候，他发现香醇的酒变得像醋一样又酸又难喝。贝采里乌斯仔细检查了酒杯，发现自己在实验室沾到手上的铂黑不小心掉到酒杯里了，他便一下子明白原因了。因为铂黑是一种可以加快乙醇（酒精）和氧气发生氧化反应的催化剂，在他喝第二杯酒的短短时间里，蜜桃酒在铂黑的催化作用下，转变成了蜜桃醋。

以此为契机，贝采里乌斯在《物理学与化学年鉴》杂志上发表了一篇论文，首次提出化学反应中使用的“催化”与“催化剂”的概念。后来，人们将这样的作用叫作触媒作用或催化作用，沿用至今。

催化剂是科学研究中一个重要的研究分支。它能够有效加快反应速率、提高生产效率、降低生产成本，为工业生产和污染防治等领域带来巨大的效益。据统计，目前大约60%的化学品与材料是借助催化作用生产的，而90%的化学反应过程需要使用到催化剂。由此可见，催化剂研究的重要性不言而喻，催化剂研究领域的微小突破，都可能对人类社会有巨大的意义。

催化剂的分类

催化剂还可以分为正催化剂和负催化剂。我们一般所说的催化剂，是指加快反应速率的正催化剂。它的作用机理是，通过降低反应所需的活化自由能，从而加快反应的进行。催化剂也可以是负催化剂，利用它来降低反应速率。

那么催化剂是怎样改变反应速率的呢？举个简单的例子类比一下。在化学反应进行时，成千上万个反应物分子之间发生碰撞，只有一部分碰撞能够导致化学反应，称为有效碰撞，碰撞是否有效取决于它们碰撞之后能否越过一个很高的能垒。这就好比我们选拔跳高运动员，合格的跳高运动员需要越过一个很高的杆子。如果降低杆子的高度，就能让更多的运动员轻易越过而成为合格运动员，甚至所有人都能成为合格运动员。催化剂对化学反应的作用，就是降低了反应所需要跨越的能垒，让更多的碰撞成为有效碰撞。这样使得反应进行得更快，从而大大提高了化学反应的速率。

如图2所示，E_1是没有催化剂时反应所需要跨过的能垒；E_2是有催化剂时所需要的能垒。显然，跨过E_2更容易。这就如同降低了跳高时杆子的高度，使得跨越更加容易，从而在很大程度上加快了反应的速率。

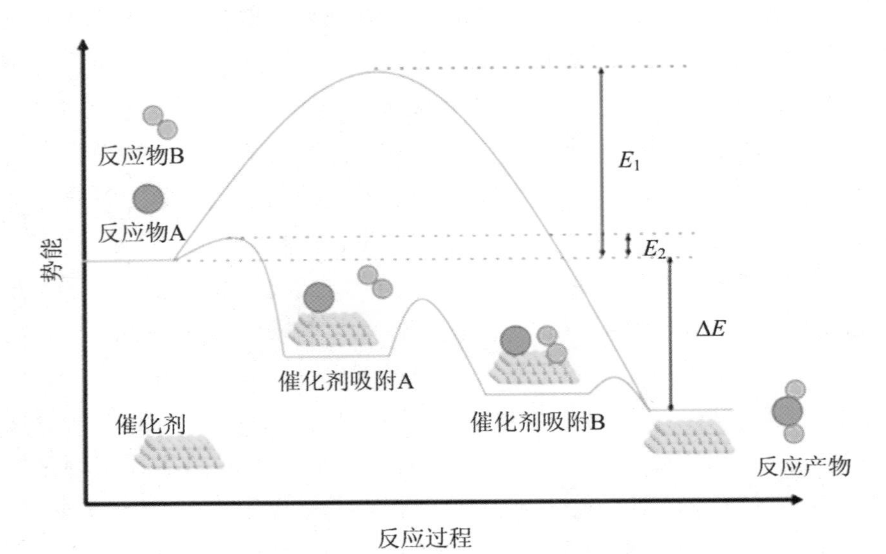

图2　有/无催化剂条件下简单化学反应的能量变化路径

催化剂在污染治理方面的应用

催化剂在污染治理方面的使用尤为广泛。特别是在如今工业生产繁荣的现代化时代，同时也伴随着大气污染、水污染、土壤污染，甚至食物污染，治理污染、防治污染已经成为全人类共同面对的大问题。如何高效、绿色地消除这些污染物，是相关工作者研究的重中之重。具体来讲，环境催化剂进行污染治理有以下几个典型的成功应用案例。

1．汽车尾气污染治理

汽车尾气中大量存在的一氧化碳、碳氢化合物、氮氧化合物、硫氧化合物等，是导致空气污染的罪魁祸首之一。20世纪70年代，日本为了把汽车打入美国市场，研发了三元催化剂。三元催化剂一般由铂、铑、钯等贵金属以及稀土涂层组成，将含催化剂的催化反应器设置在排气系统中的排气歧管与消音器之间，当一氧化碳、碳氢化合物、氮氧化合物等有毒的污染气体经过时，在催化剂的作用下，多种污染物同时被快速分解，迅速转化为无污染气体排放至大气中。

除三元催化净化器之外，还有吸收储存还原型元催化剂，且各式各样的新型催化剂正在被源源不断地开发出来。

2．水污染治理

将合适的催化剂（如Fenton试剂、光催化剂、生物酶等）放入含生活污水、工业废水的污染水源中，通过催化剂的作用，污染物会被高效降解、氧化，变成无毒无害的清洁物质。

其中，俗称“钛白”的一种无机半导体材料——二氧化钛（TiO_2），就是光催化剂应用的成功案例。因TiO_2无毒性、催化活性高、稳定性好以及抗光腐蚀能力强等诸多优点，它备受研究者瞩目。特别是工艺简单、成本低廉的纳米TiO_2的研发，在光催化、水污染治理等方面取得了极大的成就。在纳米TiO_2催化剂的制备、改性以及催化机理等方面的研究颇多，并取得了一定的进展，被广泛应用在含毒性大、生物积累严重且难以降解的有机磷农药的污水治理、水污染检测等方面。此外，负载型复合催化剂如TiO_2*SiO_2光催化剂因其高效吸附性能也有着优异的催化活性，TiO_2与臭氧联合进行水净化效果也更加明显。

除有机污染之外，水中也有无机污染物的存在，如各种重金属离子也是很多工业污水中存在的主要污染源。治理方法主要有高分子络合、活性炭吸附、沉淀法（氢氧化物或硫化物）、离子交换及电化学法等。光催化还原为金属离子污染的治理提供了一条新途径。利用光催化还原过程可以使低浓度的金属离子得到回收，而且通过控制适当的操作条件可以使不同金属离子按一定顺序还原出来，即可以实现选择性回收和分离。

化学固废处理

催化剂在化学固废等的处理上也起着非同小可的作用。它可以高效地将化工厂、实验室产生的各种实验废品（包括易挥发、有毒有害的药品与试剂）高效地催化降解，变成无毒无害的物质，甚至可再次利用，在保护环境的同时，还起到了节约资源的作用。因此，很多工厂的排污线、高校实验室化学固废处理处都会大量使用相关的催化剂进行辅助处理。

例如，对于有些有机固体废物，可以使用微生物对其进行分解使其无害化。在微生物产生的相关酶的催化作用下，可以使有机固体废物转化为能源、饲料和肥料等资源。目前应用广泛的有堆肥化、沼气化、废纤维素糖化、废纤维素饲料化等。这样一来，不仅解决了污染问题，还对废物利用、节约资源方面有所贡献。

可见，催化剂在污染治理领域发挥的作用是不容忽视的。它具有廉价、无毒、稳定及可重复利用的优点，且操作简单、反应条件温和，无需高温高压等苛刻条件，不会带来二次污染。同时，催化剂在新能源发展方面也有很大的作用。如利用太阳能分解水制氢，电解、生物光合作用等方法存在着很多弊端，而半导体催化光解水由于其效率高、能耗低等优势，成为目前被优选的方法。另外，还有一些助催化剂作为提高主催化剂性能的有效方法，也在被广泛研究。

然而，工业催化应用仍然存在着较大的瓶颈。标准人为可控的化学催化反应，是在"理想"的实验室条件下进行的，它对催化剂、反应物比较"友好"，能够保证催化反应的顺利进行。然而，即使在化学原理上可顺利进行，但是在实际应用上却难以达到如此"完美"的状态。催化剂应用在环境催化治理方面，仍然存在着技术不够成熟、治理效果有很大进步空间的问题。因为在大规模实际应用的过程中，总会有各种外界如温度、气氛、光照等不可控因素的影响，使得在实验室可行的催化反应，在实际中却表现得不够理想。任何一些细微的外界因素，都会大大影响催化剂的性能，使得催化效果大打折扣，甚至可能完全失活。

因此，研究实际应用情况下稳定的催化剂，是至关重要的课题。一种优秀的催化剂必须去主动适应可能的工况。至少保证在远离最佳工况的冲击下，不会失活，这给环境催化剂的研发带来了非常大的困难，有时甚至是难以克服的。

总之，环境催化是现代化社会面临的重要问题，发展新型可靠的催化剂，是当今环境治理、新能源发展方向的一大热点，研制高效催化剂的新思路和新方法在环境污染治理中有广阔的应用前景。

新时代下环境治理与防护的重任，是我们这一代特别是青少年们应该主动担起的使命。为了让我们的天更蓝、水更清、空气更清新，一方面我们应该从自身做起，从身边点点滴滴的小事做起，减少污染物的排放，减少能源的浪费，同时那些对热爱科学、有志于投身环保事业理想的同学们，应该认真学习，为研发新的清洁能源和高效环保的环境治理催化剂打下坚实的基础。

愿开头的战争在"铠特垒斯特"的协助下迅速结束，当然，我们更愿"污染"大军永远不会来侵袭，愿我们的地球家园越来越美好。

质子交换膜

——神奇的质子导电“高速公路”

刘建国　芮志岩*

高速公路，对于现在的大众来说已经不是一个陌生的概念。目前我国已经建成了覆盖全国范围的高速公路网络，为人们的出行和交通运输提供了巨大的便利。它有两个特征：第一，只能通过汽车；第二，车辆行驶速度较一般城镇公路更快。在这里，我们要介绍的“高速公路”，是专为质子通行而设计的，也就是质子交换膜。

质子交换膜的“过人之处”

一般来说，材料按照其导电性的好坏可以分为三类：导体、半导体以及绝缘体。从定义上来说，导体是指可以传导电流的材料。电流是由于电荷的移动所形成的，电荷的载体除了电子，还有各类离子，能够传导电子的导体，称为第一类导体，而能够传导离子的导体，称为第二类导体。质子交换膜即是能够传导质子的第二类导体。

首先，我们认识一下什么是质子。质子是组成原子核的基本粒子之一，带有一个正电荷。氕原子是氢原子在自然界中元素丰度最高的同位素，其原子核便是由一个质子构成的，而氕原子电离一个电子就能得到质子。通常我们生活中较为常见的酸，如稀硫酸、食醋等酸性物质，均含有大量质子。

质子交换膜是一类厚度为几十到几百微米的薄膜材料，与人的头发丝直径相近。质子交换膜有如下两方面的基本要求：首先，与其他膜材料的基本功能一样，质子交换膜也需要有良好的隔离能力，也就是说，除了质子，其

* 刘建国、芮志岩，南京大学现代工程与应用科学学院，南京大学昆山创新研究院。

他物质无法通过，这其中就包括了电子和气体分子；其次，质子交换膜需要有良好的质子传导能力，通常来说，质子传导率需要达到0.1秒/厘米以上。这就好比是高速公路，既需要对通行车辆实施严格的管控，又要求高速高效。

质子交换膜的前世今生

20世纪60年代初，美国通用电气公司的Grubb和Niedrach成功研制出聚苯甲醛磺酸膜，这是世界上最早的质子交换膜，但其在干燥条件下易开裂。此后研制的聚苯乙烯磺酸膜（PSSA）通过将聚苯乙烯-联乙烯苯交联到碳氟骨架上获得，制成的膜在干湿状态下都具有很好的机械稳定性。之后，美国Dupont公司开发了全氟磺酸（PFSA）膜（即Nafion系列产品），正是这种膜的出现，使得燃料电池技术取得了巨大的发展和成就。这种膜化学稳定性很好，在燃料电池中的使用寿命超过57000小时。一直到现在，Nafion系列产品一直被广泛地关注与应用。

质子交换膜的大家族

组成质子交换膜的物质是一类名为聚合物的材料。所谓聚合物，就是一个个相同的结构单元通过首尾相连的方式相互连接所组成的一类物质。按照化学组成，可以将质子交换膜大致分为如下几类：全氟磺酸质子交换膜、部分氟化质子交换膜、非氟质子交换膜以及复合质子交换膜。

其中全氟磺酸质子交换膜是目前最先进也是使用最为广泛的一类质子交换膜，全氟磺酸膜的聚合物链就具有类似于树木的结构，树干部分由碳原子与氟原子组成，而树枝部分除了碳原子与氟原子，还含有氧原子与硫原子。以Nafion系列产品为例，其分子结构式如图1所示。

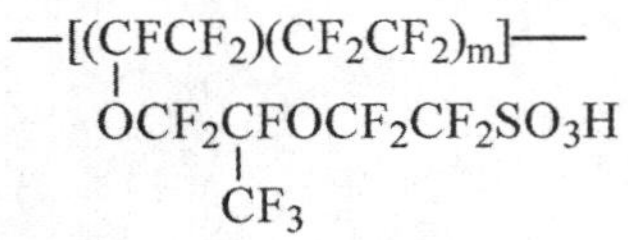

$$
\begin{array}{l}
—[(\underset{|}{C}FCF_2)(CF_2CF_2)_m]— \\
\quad OCF_2\underset{|}{C}FOCF_2CF_2SO_3H \\
\qquad\quad CF_3
\end{array}
$$

图1　Nafion膜的分子结构

部分氟化质子交换膜则是在全氟磺酸膜的基础上，将树干上的部分氟原子换成氢原子，这样做可以节约质子交换膜的制造成本。常见的一类部分氟化质子交换膜是由聚偏氟乙烯为基础制成的质子交换膜，这类膜常常以全氟或者偏氟材料作为聚合物的前驱物，用等离子辐射法使其与磺化的单体发生接枝反应，将磺化的单体作为支链接枝到聚合物主链上；或者先用接枝的方法使主链带上有一定官能团的侧链，再通过取代反应对侧链进行磺化。这其中，以聚苯乙烯磺酸钠（PSSA）接枝聚偏氟乙烯（PVDF）主链的聚偏氟乙烯基磺酸膜是重要代表。

进一步地，若将全氟磺酸膜分子树干部分的氟原子全都置换成氢原子，就可以得到非氟质子交换膜。目前较为常见的非氟质子交换膜材料包括了芳香聚酯、聚苯并咪唑、聚酰亚胺、聚砜、聚酮等。非氟质子交换膜价格低廉、具有较好的可修饰性，但其化学稳定性差，长期使用存在降解的风险。

相比之下，这三类膜材料各有优劣，全氟磺酸膜有着最好的质子传输能力、热稳定性、阻隔能力等，但同时又有着较高的制造成本；而其他两类膜材料的各项性能都要相对差一些，而制造成本相对较低。上述三类膜材料由于只含有一种成分，通常称之为均质质子交换膜，如果在均质质子交换膜的基础上引入其他物质，便可以得到复合质子交换膜。通常来说，全氟磺酸膜最低厚度约为25微米，若要继续降低厚度，便会出现破裂的情况。然而从另一方面来说，更薄的厚度意味着更小的阻抗，也就更有利于质子的传导，因此，研制超薄质子交换膜一直是一项极具挑战性的课题。较为常见的添加材料是一种名为聚四氟乙烯的薄膜材料。聚四氟乙烯是一种工艺成熟、力学性能良好且稳定性较好的材料，在各方面都有着广泛的应用，目前的工艺水平可以批量生产厚度小于5微米的PTFE薄膜。用于质子交换膜支撑材料的聚四氟乙烯薄膜除了厚度要求较低之外，还要求尽可能地存在大量通孔，以方便质子在其中通行。在制备复合膜的过程中，聚合物材料会进入聚四氟乙烯薄膜的通孔内，从而保证质子的传输能力，并且最终成膜厚度可以达到10微米以下，进而大大提高了传输质子的能力。其他添加材料大多以无机纳米颗粒为主，包括ZrO_2，CeO_2，SiO_2等，这些无机材料可以实现质子交换膜某一方面性质的极大提升，例如，ZrO_2的引入可以实现质子传输能力的提升，CeO_2的引入能够大幅提升质子交换膜的耐腐蚀性，SiO_2的引入则可以实现质子交换膜的吸水能力。

质子交换膜的各项指标

质子交换膜发展至今已有几十年的历史，在此期间也形成了一系列用于表示质子交换膜各项指标的参数，包括厚度、质子传导率、当量质量、气体渗透率等。厚度是质子交换膜最基本的参数之一，通常会以数字的形式标在膜产品的型号中，如Nafion 211膜，最后一位1就表示膜厚度为1×10^{-3}英寸，也就是25.4微米，而Nafion 212膜，厚度即为Nafion 211膜的2倍，也就是50.8微米。质子传导率是表示质子交换膜传输质子的能力，是指单位长度以及单位截面积的膜块材所具有的电导，与电阻率互为倒数。当量质量是表征质子交换膜酸度的一个指标，数值上等于膜的总质量除以膜内所含质子的数量，也是质子交换膜的基本参数之一。气体渗透率指的是质子交换膜阻隔气体的能力，一般要求越低越好。

质子在“高速公路”上是如何通行的?

质子不同于电子，质子的体积与质量都要远大于电子，因此质子交换膜的导电机制也和金属不同。在这里，以Nafion膜作为典型案例，对质子在“高速路”上的通行机制进行简单介绍。

正如前面的介绍，Nafion膜是由聚合物材料组成的，而这种聚合物具有树木的结构，其中树干主要起到了对膜材料的支撑作用，而树枝部分则起到了传导质子的作用。在Nafion膜聚合物侧链的端基上，存在磺酸基团，而这些磺酸基团便是传导质子的关键，这些磺酸基团像是一个个跳板，在一定的条件下，质子可以在这些跳板上通过跳跃的方式实现转移。在Nafion膜中，水是极其重要的组成部分，没有水的质子交换膜，就像是高速公路发生了堵车，所有车辆都只能待在原地不动。Nafion膜在没有水的情况下，质子无法发生电离，而被束缚在树枝上，也就无法完成质子传导了。当质子交换膜吸水后，质子便能发生电离，从而发生上述的跳跃活动。

从微观的角度来看，Nafion膜内存在微观的相分离机制，其中疏水相由碳氟主链所构成，亲水相由含磺酸基团的侧链所构成。在膜吸水后，水分子结合磺酸基团形成了一个个相互连接的水泡，这些水泡就构成了传输质子的通道，如图2所示。不过含水量不够，或是膜处于干燥的状态，这些水泡就会收缩或是消失，彼此将不能相互连接，质子的活动范围也就局限在了单一的水泡中，从宏观上来看，膜的质子传输能力将大大下降。所以，膜离不开水的浸润，一旦离开了水，质子将不能在“高速公路”奔跑了。

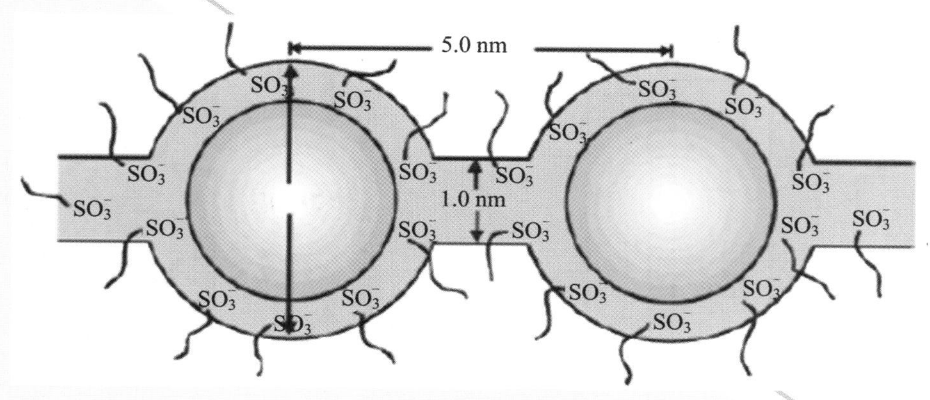

图 2　质子交换膜的微观结构

质子交换膜的表演舞台

质子交换膜最主要的应用场所便是燃料电池。使用质子交换膜的燃料电池被称作质子交换膜燃料电池，可见质子交换膜在这类燃料电池中的重要地位。燃料电池可以将化学能转化为电能，与传统的能源利用方式相比，燃料电池具有转换效率高、能量密度高、功率密度高、噪声小、环保无污染等优势。燃料电池可用于航空航天、便携式电源、交通运输、固定式发电等领域。其中，车用燃料电池是其重要应用场所，燃料电池相比传统内燃机具有清洁环保的优势，相比锂离子电池具有加氢快、续航里程高的优势，因此，车用燃料电池是一项极具前景的技术。目前国外已有商业化的燃料电池乘用车推出市场，日本丰田公司在2014年12月15日推出了Mirai氢燃料电池车。Mirai实现了超过500千米的续航里程，安全性方面也通过了严格的测试。

质子交换膜在氯碱工业也有重要的应用，氯碱工业是电解氯化钠溶液制备氢氧化钠、氯气以及氢气的产业。图3为质子交换膜燃料电池与氯碱工业电解池的示意图以及实物。全氟磺酸膜最早也是由于氯碱工业的需要才开始研发的，这种膜材料在电解池中发挥着隔离阴极与阳极区域电解液的作用，同时能够传导溶液中的阳离子。1993年，质子交换膜便已在氯碱行业有了大规模的应用，质子交换膜法的烧碱产量占到了23.6%，而到

2010年，这一比例已经达到60.6%，说明质子交换膜制法已逐渐成为氯碱工业的主流工艺，质子交换膜也已成为氯碱工业不可或缺的重要组成部分。

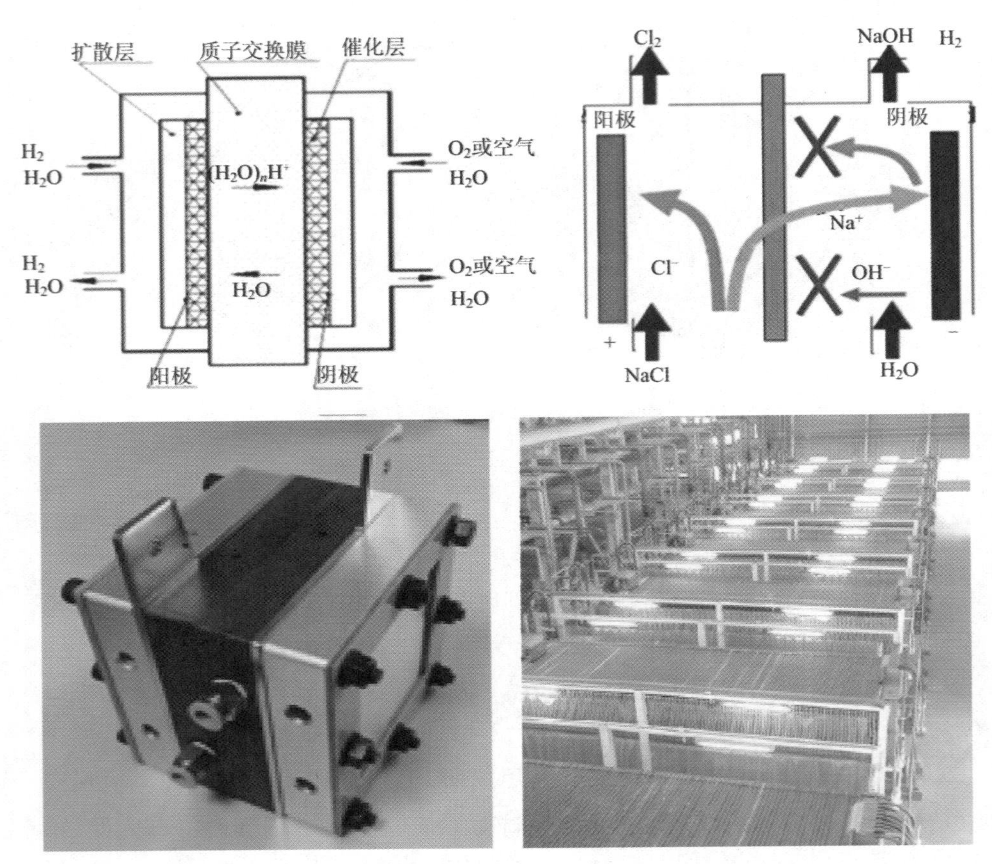

图3　质子交换膜燃料电池与氯碱工业电解池的示意图以及实物图

质子交换膜的未来

燃料电池是一项极具前景的能源利用技术，燃料电池产业在世界范围内正在蓬勃发展。随着燃料电池行业的发展，燃料电池关键材料的开发也同步跟进，质子交换膜材料也因此得到了广泛的开发研究。目前质子交换膜正朝着高性能、高耐久性以及低成本的方向前进。我国也在大力发展燃料电池及其关键材料，在我国已有燃料电池示范项目开始运行，相信在不久的将来，燃料电池也能实现在全国范围内的普及，同时，质子交换膜也将在更大的范围内发挥它的作用。

合金材料界“新秀”

——高熵合金

闫薛卉　张　勇*

合金名字的由来

作为合金材料界的新秀，“高熵合金”的问世与“熵”(entropy)的贡献密不可分。那到底什么是“熵”呢？所以，在正式揭开高熵合金的神秘面纱之前，我们先来看看“熵”的世界。“熵”的概念由德国物理学家克劳修斯于1865年提出。在热力学上，熵是表征系统混乱度的一个参数：系统的混乱度越大，则熵值就越高。以体育课的场景为例(图1)，让我们来深入了解一下“熵”的魅力：

(1) **低熵状态**：当大家都穿一样的校服，只有零星的几位同学服装不同，队伍排列整齐，呈紧密堆簇状态进行热身活动时，每位同学的活动范围较小，整个体系的“熵”处于较低的状态。

低熵　　高熵

图1　“熵”的变化

* 闫薛卉、张勇，北京科技大学新金属材料国家重点实验室。

（2）**高熵状态**：当大家穿各种服装，队伍解散后，同学们进行自由活动时，活动范围增大，整个班级的混乱度增加，从而体系的“熵”处于较高的状态。

以此类推，我们假设每一位同学代表的是构成合金的最小单元——原子，当原子处于“站队”状态下时，原子的排列紧凑有序，这时合金体系处于“低熵”的状态；反之，若合金体系的原子处于“自由活动”的无序状态时，合金体系则处于“高熵”状态。

相较于传统的合金，这个合金材料界的“新秀”具有高的熵值。所以，材料学家们命名它为“高熵合金”。高熵合金的“高熵”指的是在原子尺度上的化学无序或者拓扑无序，即合金的原子排列混乱度高，处于无序状态。高熵合金的概念介绍完毕，接下来让我们看一下如此神奇的“合金新秀”是如何被发现的。

“金子总会发光的”：高熵合金的发现

高熵合金的发现早在18世纪的后期就埋下了伏笔。德国科学家和冶金学家F. K. Achard在课题研究过程中开展了一项创新性研究，他们制备了一系列包含5到7种元素的多组分合金。但不幸的是，这项意义非凡的工作几乎被世界各地的冶金学家所忽视。直到1963年，这项工作才被C. S. Smith教授注意到并进行了报道。根据现有的实验记录推测，该研究应该是关于高熵合金开展的最早的研究工作。

由于科学家们对这项工作的忽视，导致了高熵合金发展的中断。直至20世纪90年代，高熵合金才获得了发展的新契机。1993年，英国剑桥大学的A. L. Greer教授提出了著名的“混乱原理”(Confusion Principle)，他认为合金材料的熵越高，越容易形成一种非晶态的结构。与此同时，我国台湾学者叶均蔚等人提出了新颖的合金设计思路，设计一种具有多个组元、高混合熵的合金，并为它命名为高熵合金。然而，科学研究的道路总是漫长的，在高熵合金的设计思路提出之后，相关的研究结果一直没有得到发表。

直至2004年，英国的Cantor教授在熔炼一组高混合熵的合金的时候发现，合金并没有形成预期的非晶态结构，反而出现了许多脆性的晶态相。实验结论无疑与“混合原理”是不相符的，反而对叶均蔚教授的设计理念进行了证实，这一惊奇的发现正式为高熵合金的诞生拉开了帷幕。针对这一有趣的现象，北京科技大学的张勇教授进行了理论解释，为高熵合金的发展提供了理论研究基础。至此，高熵合金逐渐开始成为合金材料界一颗耀眼的新星。

作为合金界的新秀，科学家们对高熵合金研究的热情与日俱增。短短的十几年时间，高熵合金的概念已经扩展到了高熵陶瓷、高熵薄膜、高熵钢、高熵高温合金、铝镁系高熵轻质合金、高熵硬质合金等。

“我的与众不同”：高熵合金的特点

高熵合金从合金体系的构型熵原理出发，提出了一个全新的合金设计视角。相较于传统合金，高熵合金具有独特的设计理念和发展特点。我们主要从以下4个方面来了解一下高熵合金的与众不同。

（1）**合金成分的特点**。高熵合金采用多主元混合的方式引入“化学无序”，其主要特点是没有主导元素。相较于传统合金，设计合金时不再以一种合金元素为主要组元，而是包含多种主要合金元素的多基元合金。因此，高熵合金在成分设计时，具有以下两个特点：① 合金组成元素等于或多于5个组元；② 每个元素原子百分比大于5%、小于35%。

（2）**合金发展的特点**。随着高熵合金的发展，高熵合金的概念不断被完善；到目前为止，高熵合金的发展主要经历了3个阶段。从合金组成元素，相结构等角度出发，高熵合金的发展特点可以归纳如下：① 第一代高熵合金：由5种或5种以上的合金元素组成，组成元素含量配比为等原子比，相结构为单一相的成分复杂合金；② 第二代高熵合金：由4种或4种以上的合金元素组成，组成元素含量配比可为非等原子比，相结构为双相或多相的复杂固溶体合金；③ 高熵薄膜或陶瓷。

（3）**相结构的特点**。虽然高熵合金组成元素较多，但是在凝固后往往能够形成相对简单的相结构。随机互溶的固溶体是高熵合金典型的组织，包括FCC、BCC以及HCP结构，如图2所示。此外，非晶态相也会在合金中生成。

（4）**已证实的性能特点**。研究表明，高熵合金具有众多优于传统合金的优异性能。目前，高熵合金性能上的五大效应已被证实，其分别为低层错能、热稳定性、抗辐照、抗腐蚀以及易于克服性能上的“权衡效应”效应。

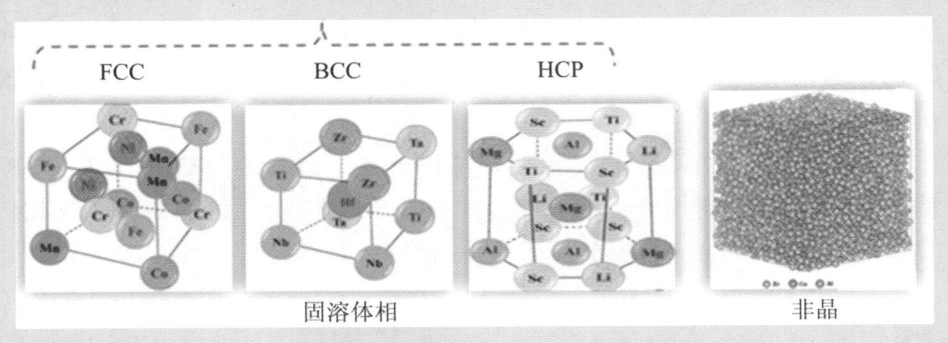

图2　高熵合金的相结构

“我的用武之地”:高熵合金的应用

高熵合金独特的设计理念赋予了其众多优异的性能,如良好的低温力学性能、耐蚀耐磨性能、耐高温、优异的软磁性能等,在工程应用领域展现出了远大的发展前景。那么让我们一起了解一下,小小的高熵合金可以在哪些领域发挥它的“光与热”吧。

(1) **高熵软磁材料**。典型的软磁材料(图3),可以用最小的外磁场实现最大的磁化强度。软磁材料易于磁化,也易于退磁,广泛用于电工设备和电子设备中。经研究表明,一些高熵合金体系具有优异的软磁性能,可以解决目前常规软磁材料的力学性能差、铸造性能不稳定的缺陷,在电机、变压器等工业领域也展现出了非常大的发展潜力。

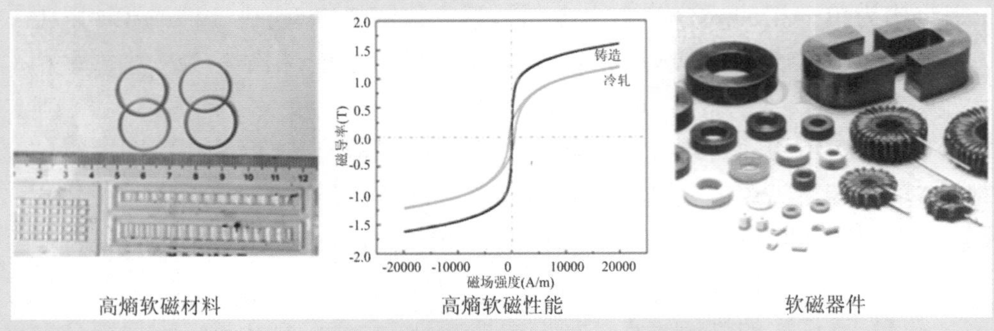

图3　高熵软磁材料的性能及应用

(2) **高温合金材料**。高温合金是指能够在高温及一定应力条件下长期工作的金属材料,需具有优异的高温强度,良好的抗氧化和抗热腐蚀性能,良好的疲劳性能、断裂韧性等综合性能，是发动机热端部件不可替代的关键材料。经研究表明，高熵合金在高温的条件下具有非常优异的高温稳定性和抗氧化性，这为一些在极端环境服役下的器件研发提供了新的方向。如在发动机叶片(图4)、高温服役工程材料上，高熵合金均展现出了非常大的发展潜力。

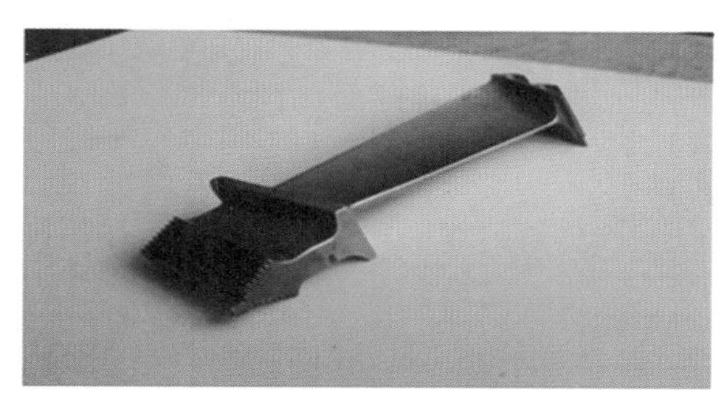

图4　飞机发动机叶片

（3）**硬质刀具涂层**。硬质刀具涂层是指在硬质合金刀片的表面上涂覆一层高硬、耐磨的合金薄层，作为常用的车、铣、刨、磨常用工具刀的保护涂层。高熵合金高硬、高强的特点刚好可以满足这一材料的需求。

（4）**高熵光热转换材料**。光热转换是指通过反射、吸收或其他方式把太阳辐射能集中起来，转换成足够高的温度的过程，以有效地满足不同负载的要求。特殊的服役环境要求材料在具有良好的高温稳定性的同时，需要具有优异的耐蚀性能、较低的膨胀率及耐候性。研究表明，高熵合金薄膜具有优异的耐蚀性能及耐高温性能，这为提高光热转换效率，例如集热管(图5)，提供了新的发展潜力。

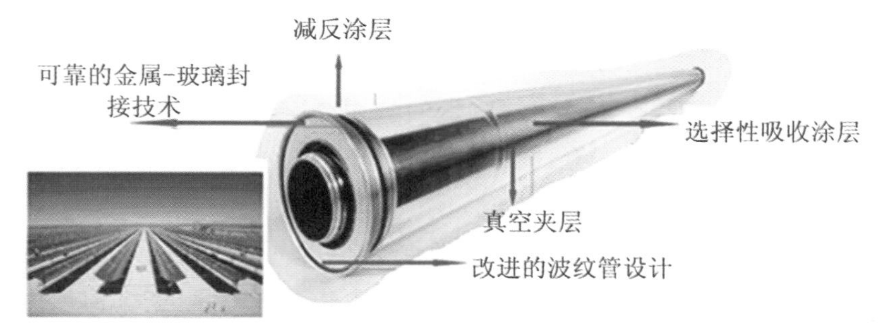

图5　光热转换器的集热管

（5）**轻质高熵合金材料**。轻量化是未来材料发展的一个重要方向，近年来高熵合金也开展了轻质材料的研究，并开始实现商业化应用。常见的有手机壳、手机卡槽等精密器件（图6）。

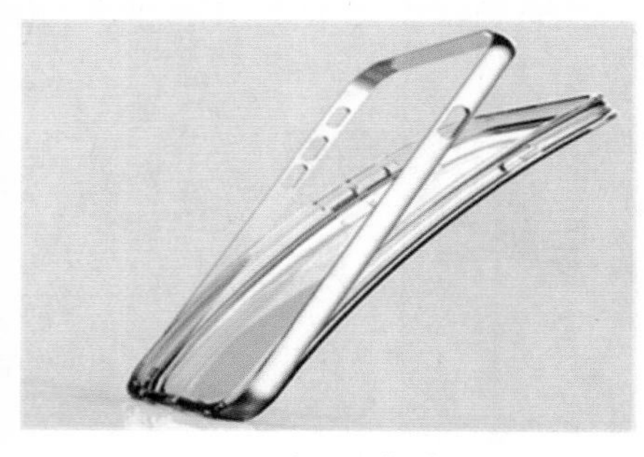

(a) 冲压手机壳

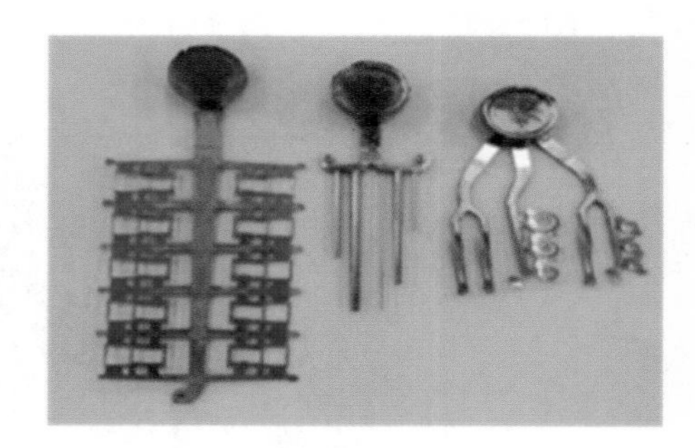

(b) 精密铸造件

图6　轻质合金器件

（6）**其他**。如高熵焊纤材料、低活化高熵合金、模具材料、催化材料、半导体扩散阻挡层材料。

"我的未来"：高熵合金的发展方向

高熵合金材料如何才能得到进一步的发展？这个问题是科学家们在发展一类新材料时最关心的问题。只有选择正确的研究方向，才能"事半功倍"，让高熵合金更好地应用到我们的日常生活甚至国防工程中。在高熵合金未来的发展中，有两个最值得关注的发展方向：

（1）**寻求材料发展的高"性价比"区域**。从传统合金到高熵合金，材料的发展呈现了一个"熵增加"的发展趋势。但是，实验结果表明，混合熵与材料的性能之间为非线性关系（图7）。简言之，并非是合金材料的混合熵值越高，合金性能越好。所以，一味地追求"高熵"并不能够使材料的性能得到无限地优化。此外，随着合金材料的熵值的增加，合金的构成元素数目也逐步增加，这意味着合金的造价成本也要随之升高。故而一味追求高的混合熵非但不会使材料的性能得到提升，反而增加了合金的成本，造成"赔了夫人又折兵"的局面。根据统计获得的合金"性价比"图可以发现，最具性价比的区域不是高熵合金区域，而是位于中熵合金和高熵合金的交界处，例如高温合金、非晶合金、不锈钢、中熵合金等更具成本效益。所以这一区域将会是未来材料发展的关键区域。

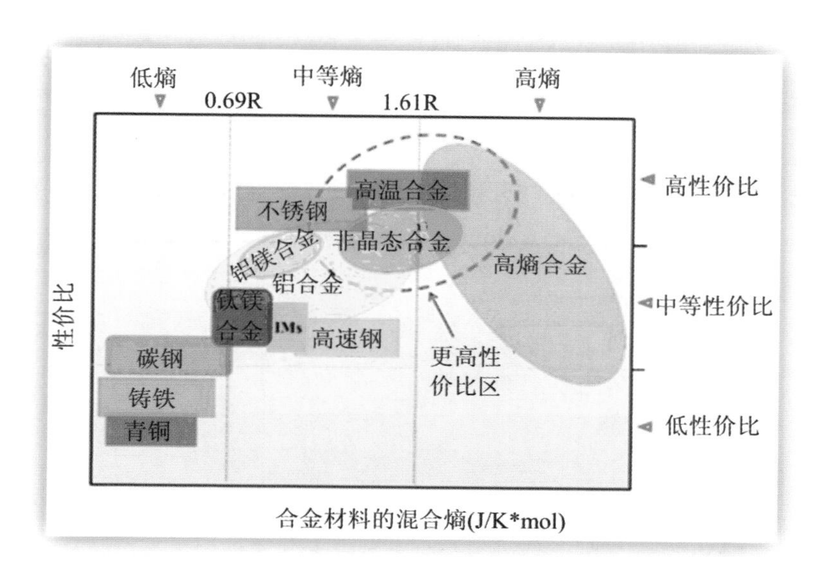

图7　合金材料的“性价比”

（2）**开发高效率的材料研发方式**。高熵合金具有优异的力学性能、耐高温性能以及耐磨、耐蚀性能，在许多领域均展现出了非常大的发展潜力。但高熵合金薄膜研究起步较晚，推进其工业化应用尚有一段距离。相较于传统的合金材料，高熵合金成分复杂，且性能与熵值不存在线性关系，无法仅利用混合熵设计出具有优异性能的多组分材料。然而，材料的设计和制备是一个漫长的过程，如何提高效率也是推进高熵合金发展的关键问题。

在这种情况下，实现高通量技术是非常有必要的。那么，到底什么是“高通量”技术呢？为什么它可以加速材料的研发进程呢？如果把合金材料比喻成海洋，把开发新的合金体系比喻成海洋里各种各样的鱼，从传统制备方法的角度出发，科研者就像是“垂钓者”，一次只能获得一个合金体系，这样“单次一个”的模式无疑降低了材料的研发效率。如果我们的科研者可以变成“撒网者”，单次可以获得多个合金的体系，这种模式在很大程度上可以加快材料的研发进程。所以，高通量技术其实是一种并行制备技术，可以在单次制备的条件下，同时完成多个合金体系的制备，从而推动高熵合金的快速发展。

高熵合金正处于快速发展阶段，中国也已成为国际研究领域的重要力量。如今，高熵合金作为材料界的新秀吸引着越来越多科学家的目光。虽然有许多亟须解决的问题，但这阻碍不了科学家们永不停歇的脚步。高熵合金，合金材料界的“新秀”，前景可待，未来可期，等着你们一起来探索它未知的魅力！

会变色的纤维

侯成义　王宏志*

生活中的颜色是五彩缤纷的(图1)。颜色在人类的生活中发挥着非常奇妙的作用,人们不仅利用颜色来感知或影响周围的环境,还像动植物一样,将颜色赋予与人类息息相关且最为重要的衣服饰品上,通过简单且富有想象的组合,使得我们的生活色彩斑斓。随着社会的发展,人们对于吃穿住用行等和自身联系极为紧密的方方面面的要求越来越高,高度便携化、智能化、多功能化设备成为发展的主流。衣物饰品作为与人类联系最为紧密的方面之一,其智能化更是受到广泛关注。其中颜色对于服饰来说,其重要性不言而喻,不同颜色的服装使得我们的穿着含义丰富靓丽多彩,但是人们渐渐地发现,对于传统的染整技术来说,现有的服饰颜色大都是通过各种染料调配而成的,颜色一旦成型就无法智能变化,这些单一功能的颜色大大限制了彩色服饰在更多领域的应用,因此变色纤维的研究对智能变色服饰等实际应用的实现十分重要。

图1　生活中的色彩

*　侯成义、王宏志,东华大学材料科学与工程学院。

变色纤维的起源

变色纤维是变色材料研究领域的一个小分支，它最早应用在1970年越南战争的战场上，美国的CYANAMIDE公司为满足美军对作战服装的要求而开发一种可以吸收光线后改变颜色的织物。此后各种变色复合纤维，如绣花丝线、针织纱、机织纱等，广泛用于装饰皮革、运动鞋、毛衣等，受到人们的广泛喜爱。

变色纤维的概念与种类

变色纤维是指随外界环境条件(如光、热、电等)的变化而显示不同颜色的纤维，比如光致变色纤维、热致变色纤维、电致变色纤维和结构色纤维等。

1. 光致变色纤维

光致变色是指一个化合物(A)在受到一定波长的光照下，进行光化学反应，生成产物(B)，由于化合物结构的改变导致其吸收光谱发生明显的变化，即发生颜色变化，而在另一波长的照射下，又能恢复到原来状态的现象(图2)。

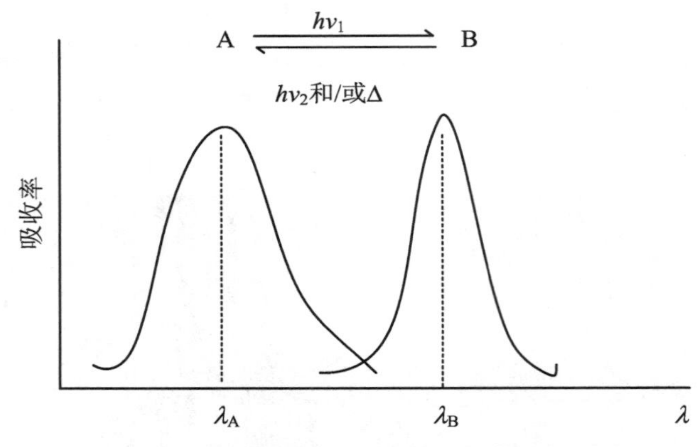

图2　物质的光致变色反应和吸收光谱

最早在19世纪Y. Hirshberg等人观察到光致变色现象，在20世纪40年代又发现了无机化合物和有机化合物的光致变色现象。G. Porter的时间分辨光谱技术的发明，加速了对光致变色物质研究的进程。光致变色材料主要分为有机光致变色材料、无机光致变色材料。有机光致变色材料主要有螺吡喃类、俘精酸酐类、偶氮苯类、二芳基乙烯类、螺噁嗪类等，无机光致变色材料主要有过渡金属氧化物类、金属卤化物类、多金属氧酸盐类、稀土配合物类等。

根据如何将光致变色染料引入纤维以及光致变色染料和纤维基质之间是否形成化学键，光致变色纤维的制备可以分为物理法(机械法)和化学法。物理或机械法是指染料和纤维通过物理手段联系在一起，比如原料共混物理改性、复合纺丝、纤维浸渍涂覆等方法。化学法是指染料和纤维通过化学键结合，生成新的光致变色聚合物纤维，比如对原料进行化学改性后纺丝、对成型纤维或天然纤维进行化学接枝改性等。

2. 热致变色纤维

热致变色是指一些化合物或混合物在受热或冷却时可见吸收光谱发生变化的功能材料，它具有颜色随温度改变而变化的特性，发生颜色变化的温度称为变色温度。热致变色材料从热力学角度(按其热变色的可逆性)，可分为不可逆热致变色材料和可逆热致变色材料两大类；按其热变色温度范围，可分为低温型(低于100摄氏度)、中温型(100～600摄氏度)和高温型(高于600摄氏度)；根据其在某一温度范围内的变色次数，可分为单变色型(有色到无色、无色到有色、颜色A到颜色B)和多变色型(颜色A到颜色B到颜色C)；从现有可逆热致变色材料的组成和性质来看，可分为无机类、有机类和液晶类三大类。

自从1871年E. J. Houston观察到CuI等无机物的热致变色现象以来，人们对热致变色进行了不断的研究，具有可逆热致变色性质的化合物范围已从简单的金属、金属氧化物、复盐、络合物发展到各种有机物、液晶、聚合物以及生物大分子等。热致变色材料可以用于制作示温涂料、热变色墨水、变色服装等。目前已有变色T恤面市，在太阳光照射下，它可以随温度的不同而变换颜色。

热致变色纤维的制备方法是将热敏变色剂充填到纤维内部，由融熔共混纺丝液制成。另一种方法是将含热敏变色微胶囊的聚合物溶液涂于纤维表面，并经热处理使溶液成凝胶状来获得可逆的热致变色功效。

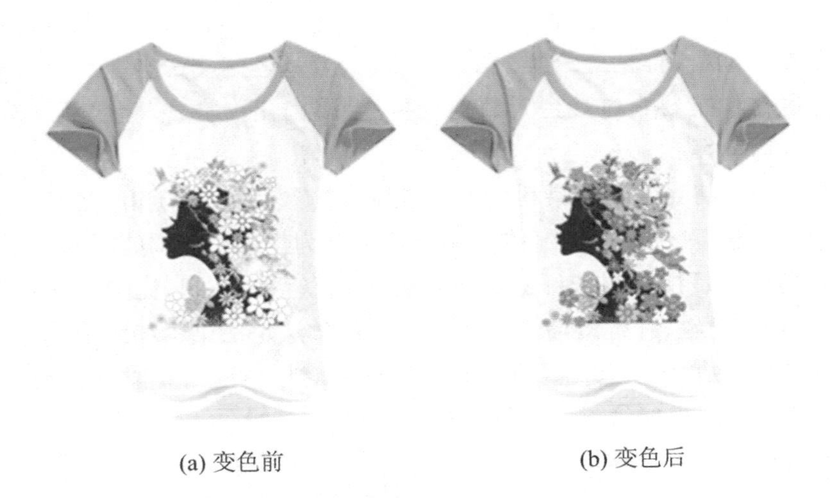

(a) 变色前　　(b) 变色后

图3　热致变色T恤

3．电致变色纤维

电致变色是指材料在外加电场或电流作用下所引起的颜色和透明度的可逆变化。这种变化是由于材料在紫外、可见光或近红外区域的光学属性(透射率、反射率或吸收率)在外加电场作用下产生了稳定的可逆变化而引起的。电致变色一词是由美国芝加哥大学J. R. Platt在1961年首次提出的。直到1969年美国科学家S. K. Deb才首次详细地描述了非晶态WO_3薄膜的电致变色现象，并提出“氧空位色心”的变色机理。此后，随着研究的深入，研究者们相继发现了多种新型电致变色材料。

电致变色材料按材料类型可分为无机电致变色材料和有机电致变色材料两大类。无机电致变色材料多为过渡金属氧化物及其衍生物，主要包括三氧化钨、五氧化二钒、氧化镍等。有机电致变色材料按照结构可以分为氧化还原性化合物、金属有机螯合物和导电聚合物，主要有紫罗精衍生物、金属酞花菁、聚苯胺等。无机电致变色材料一般具有着色效率高、响应时间快、电化学可逆性好、化学稳定性好、成本低等特点，其光吸收变化是由于离子和电子的双注入和双抽出而引起的。有机电致变色材料一般色彩丰富，易于进行分子设计，经过小分子掺杂后显示出很高的导电性和电致变色现象，其光吸收变化来自氧化还原反应。由于电致变色器件的多层结构，目前的电致变色纤维仍处于研究阶段，还没有具体的实际应用。

4. 结构色纤维

结构色纤维是指表面或内部因周期性结构而具备颜色的一类纤维。结构色来源于光与微结构的相互作用，其光学效应主要是由多层薄膜干涉、表面或体周期性结构相联系的衍射和由亚波长大小的颗粒产生的波长选择性散射引起的。自然界中有许多美丽的物质(图4)，如蝴蝶翅膀、孔雀羽毛、甲虫翅鞘等，它们本身并没有色彩，当被光照射时，物体利用自身特殊的微纳组织结构能够使光发生光学现象，从而产生颜色，即为结构色。在自然界实例的启发下，Nauss最先提出了结构色概念。他指出，结构色的实质是物理光学的光栅衍射、干涉、反射、散射等过程所引起的生色效应。与由色素引起的化学色相比，由物体特殊的表面结构引起的结构色具有饱和度高、亮度高、虹彩性(结构色的光泽、色彩与观察者的观察角度有关)等性质，且结构色纤维也不像化学色会随着化学染料的老化而褪色。结构色产生的原理大致可以分为以下几种：单层或多层薄膜干涉、栅格衍射、散射和光子晶体。目前制备光子晶体纤维的主要方法有多层膜干涉、自组装、电泳沉积、静电纺丝、热压印、微型挤压等。

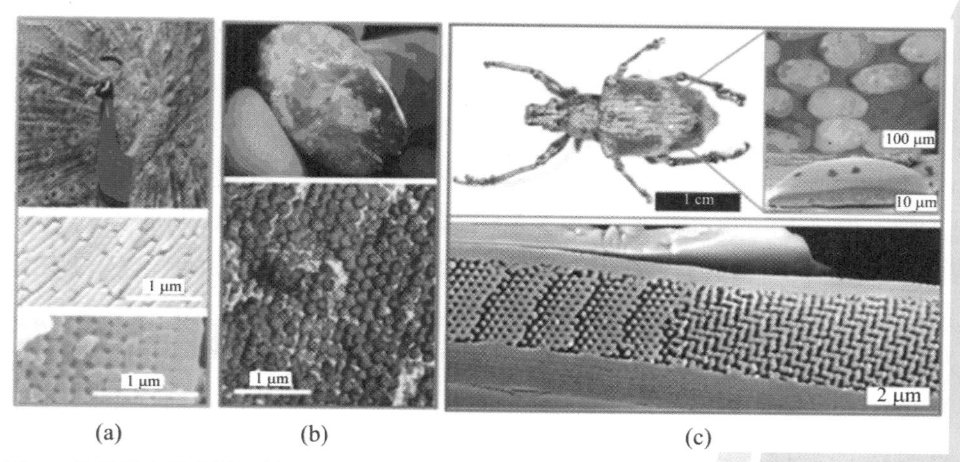

图4　自然界中的光子晶体：(a) 孔雀羽毛的颜色；(b) 天然蛋白石结构；(c) 具有金刚石结构光子晶体的Lamprocyphus augustus象鼻虫

变色纤维的应用

1．变色服

所谓变色服，是指能够随着周围环境的变化而自动变色的服装，它是由变色纤维制造的，或是织物采用变色染料印染而成的服装。采用变色纤维制作的伪装服，可随地貌环境的变化而交替变换不同的颜色。如用于作战服装的“变色龙”，在雪地中呈白色，在沙漠中呈黄褐色，在丛林中呈绿色，在海洋中呈蓝色。美军开发的采用电致变色光敏材料的变色伪装系统，采用可对电场变化做出响应的液态染料和固态颜料混合物填充到中空纤维中或改变光纤的表面涂层材料，其中噻吩衍生物聚合后特有的电和溶剂敏感性受到格外重视。电场变化由配有电脑的摄像头根据周围环境的不同而产生，这样由染料和颜料混合物共同决定的颜色就会发生改变，于是该系统便会根据士兵周围的环境而产生不同的伪装效果。20世纪80年代以后，变色服装在民用领域得到广泛应用，如日本东邦人造纤维公司研制出一种叫“丝为伊”的变色服，当被紫外线照射时颜色发生变化。该公司还制成一种不同温度下变化出各种颜色的感温变色游泳衣。进入21世纪后，变色服装的研制取得更大的进展，如日本研究了一种光色性染料，能使合成纤维织物“染”上周围景物的颜色，把人的服装“融”在自然景色中。英国科学家将液晶材料微胶囊加工成可印染的油墨，涂敷在一种黑色纤维表面，随身体部位不同和体温变化而瞬息万变显示出迷人的色彩。我国试制的见光变色腈纶线，编织成衣料后能随光源变化转换色彩。优尔创出品工作室和美国Radiat公司合作研发了世界上首款热感应变色T恤——Radiate。这是一款极其炫酷的运动T恤，能根据身体辐射出来的热量改变光子的反射方式，继而让衣服的颜色发生改变。穿上这件衣服运动时，身体不同部位的肌肉运动量不同，散发出的热量不同，衣服对应部位的颜色就会有所不同。

图5　Radiate运动T恤

2. 名牌服饰防伪技术

名牌服饰标识防伪技术是指在商标特定部位采用“紫外隐形文字图案”“温变识别”和“手感立体文字”技术，可以通过验钞机或手摸识别真伪，必要时候还可以加入“红外检测”，大大增加了技术含量，提高了假冒难度。

图6　防伪标识

3. 其他方面

(1) **防毒服物**。现代战争发生在城市或城市的周边地带，为了限制非战斗性的严重伤亡，必须要提高战士的作战能力。其中变色纤维起到了举足轻重的作用。比如将植有化学检测传感器的变色纤维织物制成服装让战士穿上，当有毒物质存在时，织物就会像石蕊试纸一样变色。还有用变色纤维织物制成的手套，只要戴上这种手套，然后把手插入水中，就能从它的颜色变化中得知水是否可以安全饮用。

(2) **变色墙布**。利用光致变色纤维和热致变色纤维的变色原理，可以使室内的墙布或涂料早上、中午、晚上各呈现不同的颜色和图案；还可以根据季节的不同呈现不同的颜色和图案——夏季呈冷色调，冬季呈暖色调，春秋季呈中性色调。

光热转换

——架起太阳与能源危机的桥梁

徐佳乐　栾　添　宋成轶　邓　涛*

古老的“热”

对热的探索和研究是一个古老而有趣的话题。早在人类历史的早期，先民们认为热与火有关，公元3000多年前的古埃及人认为热是万物形成的“原始力量”，并且在太阳诞生之前就已经存在。第一个提出热量理论的是生活在公元前500多年的古希腊哲学家赫拉克利特，他认为“一切都在流动”“一切都是火的交换”。这是那个时期人们对“热流”和“热交换”最朴素的认识。17世纪时，人们认为热能是由运动产生的，英国哲学家和科学家弗朗西斯·培根就曾说过：“热量本身，它的本质和实质就是运动，没有别的。”到了18世纪，开始涌现出大量的关于热量和热能本质的理论，例如潜热、比热、传热和气体动力学等，其中最著名的就是热力学第一定律，即能量守恒定律。到19世纪，威廉·汤姆森总结了关于“热”的观点，在焦耳等人有关热力学理论的最新研究基础上提出：“热不是物质，而是机械效应的动态形式。”现在我们知道了，热能是由高温系统向低温系统自发传递的能量形式，同时也是系统内部能量状态的属性(即“内能”)。

解决能源危机的希望——光热转换

热的来源多种多样，除了石油、天然气等化石燃料的燃烧，即古人认为的“火”之外，其中太阳能是重要的来源之一。太阳日复一日照耀大地，不仅

*　徐佳乐、栾添、宋成轶、邓涛，上海交通大学材料科学与工程学院。

给予我们温暖,也为我们人类的发展带来无尽的能源。太阳能是被公认为取之不尽用之不竭的可再生清洁能源,其每年向地球输送的辐射能是全世界年需能量总和的数千倍以上。因此,开发取之不尽的清洁太阳能技术将带来巨大的长期效益,不仅可以解决化石燃料日益短缺的问题,还可以减少环境污染,减缓全球变暖的趋势。

太阳能最直接又最有效的利用方式就是将太阳能转换为热能供人类利用,即光热转换。人类对太阳能的利用最早可追溯到3000多年以前,而真正将太阳能作为能源和动力来使用只是从300多年前开始。太阳能光热转换是通过一种特殊的材料来实现的,这种材料能够将分散的太阳辐射能量收集起来,转换为热能并加以利用,我们称之为吸光材料。相比于其他太阳能利用方式,太阳能光热利用技术更加成熟、清洁和高效,不仅适用于直接供热场合,也可以和光伏技术互补,提高太阳能利用效率。

如何实现光热转换?

通常,材料的表面受到太阳光照射都会产生热效应,但并不是所有的材料都会进行高效的光热转换。当材料表面受到光照后,吸收的光子能量与材料相互作用,导致材料内部粒子振动加剧,从而使材料温度升高。高效的太阳能光热转换材料一方面需要具备较高的吸光能力,尽可能吸收太阳光中的辐射能量,另一方面要将吸收的光能高效地转化成热能。

目前报道的太阳能光热转换材料主要包括碳基类、贵金属类和半导体类光热转换材料。

1. 碳基光热转换材料

碳基材料本身具有天然的黑色,是常见的太阳能光热转换材料之一。碳基材料家族丰富,包括碳黑、石墨、石墨烯、碳纳米管、碳球等(图1),具有吸光性能强、结构稳定、成本低、获取便捷等优点。

图1　碳泡沫与石墨的双层结构

2．贵金属光热转换材料

贵金属光热转换材料具有吸光范围广、吸光性能强等特点，是常见的太阳能光热转换材料之一。贵金属材料制成的纳米颗粒主要通过表面等离子体共振产生光热效应，贵金属纳米颗粒表面的等离子体共振现象本质上是费米能级附近的自由电子，受到外界电磁波的影响，激发而形成的集体振荡。如图2所示，当入射光的频率与金属颗粒内自由电子的振荡频率匹配时，激发电子集体振荡，增强对入射光的吸收，产生局域表面等离子体共振现象。等离子体共振会产生用于热效应的热电子，被激发的热电子在入射的电磁场中振荡，通过焦耳效应产生热量。产生的热量通过纳米颗粒内部电子与电子的散射过程，重新再分配，从而实现材料整体被加热。最常见的贵重金属光热转换材料是金纳米颗粒（图3），其优异的光热转换能力可用于太阳能储热、光热疗法、光热探测等。

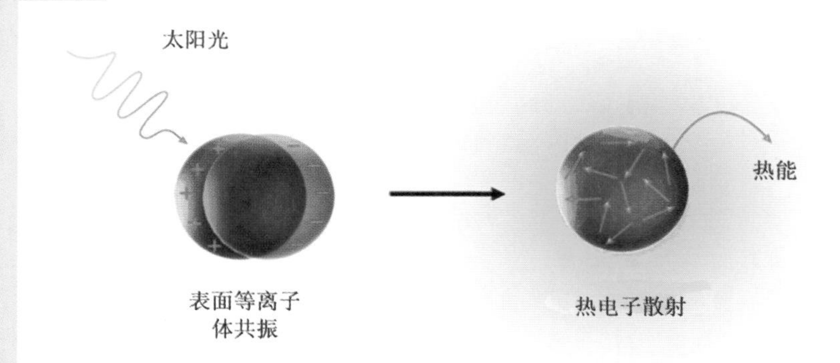

图2　贵重金属纳米颗粒光热转换过程

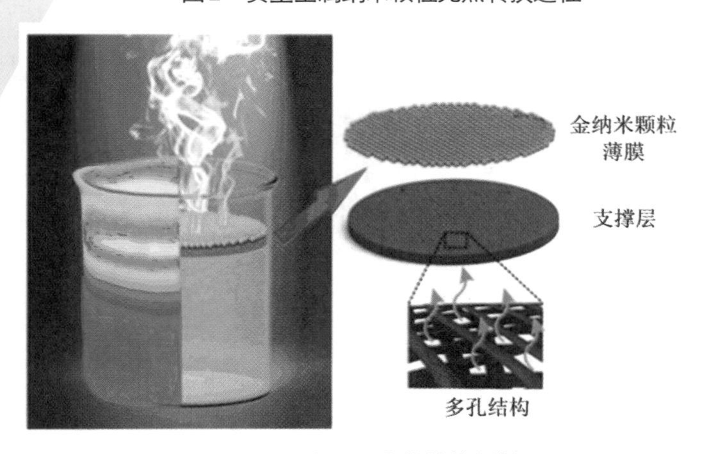

图3　贵金属光热转换材料

3．半导体光热转换材料

相对于贵重金属的光热转换材料，半导体光热转换材料具有成本低、稳定性好、制备工艺简单等优点。半导体光热转换材料主要通过太阳光激发的电子与空穴对的复合过程实现光热转换，因此具有宽带隙的半导体材料可以实现更高的光热转换效率，如四氧化三铁纳米颗粒（图4）。

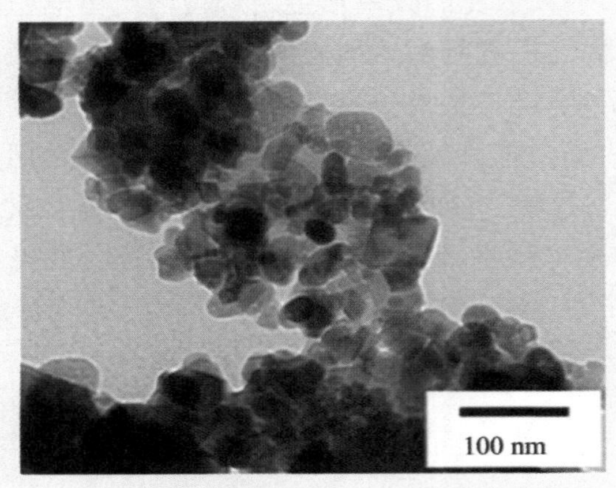

图4　四氧化三铁纳米颗粒

光热转换材料应用于界面光热转换技术

界面光热转换技术是一种高效利用太阳能的新兴技术，它是指将太阳的辐射能量集中在光热转换材料界面，通过隔热材料减少界面处的对流、辐射和传导热损失，极大程度地降低了界面处的热量耗散，实现了高效的光热转换。与传统的太阳能光热转换方法相比，界面光热转换技术具有响应快、效率高、结构简单等优点，是一种崭新的太阳能光热转换技术。基于这种界面光热转换技术可以开发不同的光热转换应用。

1．海水淡化

水是构成生命的重要元素，虽然水占地球表面积的71%，但是，淡水资源仅占地球总水量的2.5%，能够被利用的淡水资源仅占淡水总量的0.34%，并且淡水资源分布极不均衡。全球人口的急剧增长、环境污染的不断加剧，导致越来越严重的水资源短缺问题。因此，利用界面光热转换技术在界面蒸发海水，实现高效的海水淡化，将成为解决全球水资源紧张的重要方法之一。目前报道的基于界面蒸发的太阳能海水淡化装置，可以集成在一个便携式的容器内，此装置能够漂浮在湖泊或海洋上，实现海水淡化与收集。相对于商用大规模热力驱动的淡化装置或反渗透膜海水淡化装置，基于界面蒸发的漂浮式海水淡化装置能够通过内部毛细力的作用，持续地将海水吸引到界面蒸发区，加热并蒸发产生淡水，因此，不需要复杂的补水系统和收集装置，有利于在贫困或偏远地区使用。目前，小尺寸的漂浮式海水淡化装置每天可以产生每平方米2.5升的淡水，能够达到个人每天饮用水的标准。基于界面蒸发的海水淡化装置可利用价格低廉的材料构筑而成，整个装置的成本可减少到每平方米3美元，与商用的太阳能淡水装置成本相比(图5)，降为原来的1/10。

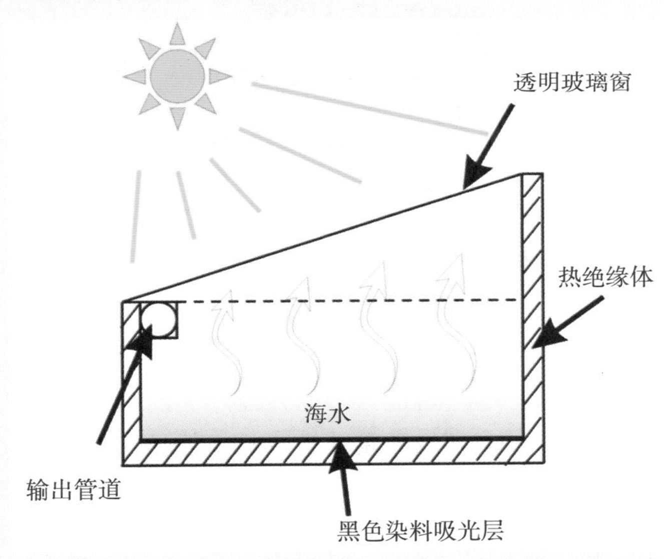

图5　太阳能界面蒸发系统进行海水淡化的结构示意图

2. 太阳能发电

为了缓解全球能源问题，减少使用化石燃料后对环境的污染，利用清洁无污染的太阳能发电，一直是国内外专家学者研究的热点领域。基于界面光热转换技术的界面蒸发系统具有高效的蒸发效率，能够稳定地产生大量的蒸汽，因此，可利用界面蒸发过程中蒸汽的能量，实现热能向电能的转换，从而实现高效的太阳能利用。目前已经报道的利用太阳能界面蒸发技术产生电能的方式主要有三种：一种是利用界面蒸发产生的蒸汽能量，驱动温差发电模块、压电材料或热释电材料产生电能;第二种是利用盐水蒸发过程中产生的盐浓度梯度差产生电能(图6);第三种是利用蒸汽与碳材料的相互作用产生电能。

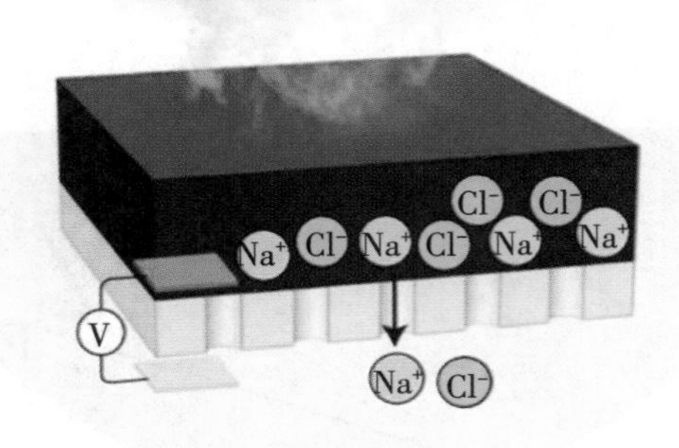

图6　太阳能海水淡化与利用盐浓度差发电混合系统示意图

从能量转换的角度来看,通过太阳能界面蒸发技术,将转换的热能储存在水或水蒸气中,是一种高效的能量转换方式。但是,由于储存在水或水蒸气的能量没有被有效地利用,造成了巨大的能量浪费。太阳能界面蒸发系统与发电系统相结合,能够实现高效的蒸发,同时产生电能,为解决水资源短缺和能源问题提出了新的方案。但是,太阳能界面蒸发系统在发电方面的利用尚未成熟,发电效率低、电量少,还达不到大规模实际应用的要求。因此,需要继续提高材料性能、优化系统设计,进一步提升热电转换效率,朝着商业化实际应用不断迈进。

3. 污水净化

光催化降解污水最早在1976年由加拿大科学家Carey等人提出,其利用二氧化钛(TiO_2)在光照下降解水中的多氯联苯,实现了对污水的净化。在光催化过程中,半导体光催化体系能够通过吸收太阳能,产生高活性的自由基,如H_2O_2、OH^-、O^{2-}、O_3等,这些活性物质能够和水体中的污染物发生化学反应,从而将污染物降解为非毒性的小分子物质,因此该技术成为理想的水处理技术之一。然而,光催化剂大多数都只能够吸收特定波长范围内的光源,太阳能并不能被完全有效利用,造成了太阳能不必要的浪费。通过光热转换材料和光催化材料的复合,并利用界面光热转换技术,可以实现宽谱太阳能吸收,即在提高污水蒸馏效率的同时,界面产生的热能也利于污水中有机污染物的光催化降解,为污水净化提供了一种新的解决方案(图7)。

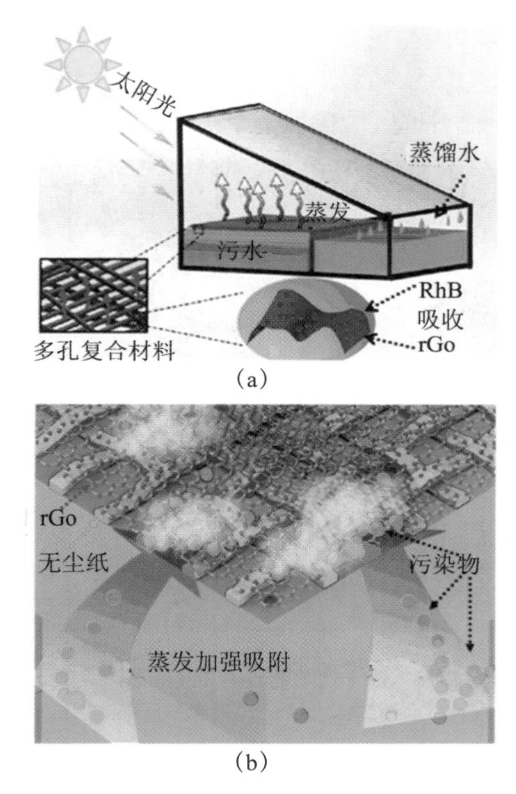

图7 (a) 太阳辐射下无尘纸基复合材料的净化水示意图;(b) 界面蒸发加强吸附降解罗丹明B(RhB)的示意图

4. 蒸汽灭菌

高温蒸汽灭菌是一种常见的医疗器械消毒、食品加工、生活废弃物处理的技术手段,能够杀死细菌、饱芽等致病微生物,具有灭菌效果好、操作方便、成本低、无污染等优点。高温蒸汽具有温度高、能量大的特点,能够穿透致病微生物细胞壁，直接进入细胞内，通过释放储存在高温蒸汽内的显热和潜热，引起细胞内的蛋白质凝固变性，从而达到灭菌的目的。太阳能界面蒸发系统利用天然的太阳能，无需额外的其他能源，能够快速产生大量的高温蒸汽，从而为灭菌系统提供所需的高温蒸汽。图8就是一种新型的基于水/空气界面的太阳能高温常压蒸汽灭菌系统。该系统不需要复杂的系统设计来承受高蒸汽压力，同时利用氧化石墨烯/聚四氟乙烯复合膜作为光热转换介质，收集入射的太阳光并将其转换为局部热。这种局部产生的热大大提高了膜的温度，并有助于产生120摄氏度以上的高温蒸汽，同时通过化学和生物灭菌试验证明了该高温蒸汽的杀菌能力。该灭菌系统可以满足电力缺乏但有充足太阳辐射地区的灭菌需求。

图8　基于太阳能界面蒸发的蒸汽灭菌示意图

参考文献

[1] 董任峰,任碧野.微纳马达及其制备和应用研究进展[J].功能材料与器件学报,2013,19(2):88-97.

[2] 董任峰,任碧野,蔡跃鹏.光驱动微纳马达的运动机理及其性能[J].科学通报,2017(Z1):55-70.

[3] 韩鑫,张德远,李翔,等.大面积鲨鱼皮复制制备仿生减阻表面研究[J].科学通报,2008,53(7):838-842.

[4] 侯觉,李明珠,宋延林.光子晶体传感器研究进展[J].中国科学:化学,2016,46(10):1080-1092.

[5] 黄汉生.日本TiO_2光催化剂的应用进展[J].工业用水与废水,2001,32(2):55-55.

[6] 江雷,冯琳.仿生智能纳米界面材料[M].北京:化学工业出版社,2007.

[7] 李琳.多相光催化在水污染治理中的应用[J].环境科学进展,1994,2(6):23-31.

[8] 李天龙,于豪,李牧,等.微纳马达在生物医疗领域中的应用[J].科技导报,2018,36(15):77-84.

[9] 刘聪慧,黄金荣,宋永超,等.微纳米马达的运动控制及其在精准医疗中的应用[J].中国科学:化学,2017,47(1):35-45.

[10] 刘静.微米/纳米尺度传热学[M].北京:科学出版社,2001.

[11] 刘静.液态金属物质科学基础现象与效应[M].上海:上海科学技术出版社,2019.

[12] 刘静,王磊.液态金属3D打印技术:原理及应用[M].上海:上海科学技术出版社,2019.

[13] 刘静,王倩.液态金属印刷电子学[M].上海:上海科学技术出版社,2019.

[14] 刘静,杨应宝,邓中山.中国液态金属工业发展战略研究报告[M].昆明:云南科学技术出版社,2018.

[15] 刘梅,徐娜,阮世龙,等.驱动蛋白及其作用研究进展[J].杭州师范大学学报:自然科学版,2013,12(1):40-44.

[16] 刘水莲，陈建林，陈荐，等．助催化剂在光催化分解水产氢中的应用[J]．现代化工，2018，38(3)：28-32.

[17] 阮居祺，卢明辉，陈延峰，等．基于弹性力学的超构材料[J]．中国科学:技术科学，2014，44(12)：1261-1270.

[18] 沈翔瀛，黄吉平．热超构材料的研究进展[J]．物理，2013，42(3)：170-180.

[19] 宋延林，等．纳米材料与绿色印刷[M]．北京:科学出版社，2018.

[20] 王雷磊，崔海航，张静，等．自驱动微纳马达在水环境领域的研究进展[J]．中国科学：化学，2017，47(1)：70-81.

[21] 吴玉程．纳米TiO_2在水污染检测与治理中应用的研究进展[C]．中国功能材料及其应用学术会议，2010.

[22] 谢文楷，王彬，高昕艳．百年电子学:纪念真空电子管发明一百周年[J]．真空电子技术，2004(6)：1-7.

[23] 叶代启，梁红．环境催化技术在大气污染治理中的应用[J]．环境保护，1999(7)：40-42.

[24] 于相龙，周济．力学超材料的构筑及其超常新功能[J]．中国材料进展，2019(1)：16-20.

[25] 张新荣，杨平，赵梦月．TiO_2*SiO_2/beads降解有机磷农药的研究[J]．工业水处理，2001(3)：13-15.

[26] 周济．超材料与自然材料的融合[M]．北京:科学出版社，2018.

[27] Chen Y, et al. Stably dispersed high-temperature Fe_3O_4/silicone oil for direct solar thermal energy harvest[J]. Journal of Materials Chemistry A, 2016(4): 17503-17511.

[28] Cumpston B H, Perry J W, et al. Two-photon polymerization initiators for three-dimensional optical data storage and microfabrication [J]. Nature, 1999, 398: 51-54.

[29] Dall'Agnese A, Puri P L. Could we also be regenerative superheroes, like salamanders? [J]. BioEssays, 2016, 38(9): 917-926.

[30] Davenport R J. What controls organ regeneration? [J]. Science, 2005, 309(5731): 84-84.

[31] Du C, Cui F Z, Zhang W, et al. Formation of calcium phosphate/collagen composites through mineralization of collagen matrix[J]. Journal of Biomedical Materials Research, 2000, 50(4): 518-527.

[32] Feng L, Li S, Li Y, et al. Super-hydrophobic surfaces: from natural to artificial[J]. Advanced Materials, 2002(14): 1857-1860.

[33] Feng L, Zhang Y, Xi J, et al. Petal effect: A superhydrophobic state with high adhesive force[J]. Langmuir, 2008(24): 4114-4119.

[34] Fernández E, Angsantikul P B, Li J, et al. Micromotors go in vivo: From test tubes to live animals[J]. Advanced Functional Materials,

2017:1705640.
[35] Feynman R P. Statistical mechanics: A set of lectures[M]. New York: CRC Press, 2018: 265.
[36] Fitch M T, Silver J. CNS injury, glial scars, and inflammation: Inhibitory extracellular matrices and regeneration failure[J]. Experimental Neurology, 2008, 209(2): 294-301.
[37] Gao W, Sattayasamitsathit S, Wang J. Catalytically propelled micro-/nanomotors: How fast can they move? [J]. The Chemical Record, 2012, 12(1): 224-231.
[38] Gao W, Wang J. Synthetic micro/nanomotors in drug delivery[J]. Nanoscale, 2014, 6(18):10486.
[39] Gao W, Wang J. The environmental impact of micro/nanomachines: A review[J]. ACS Nano, 2014, 8(4): 3170-3180.
[40] Ghasemi H, Ni G, Marconnet A M, et al. Solar steam generation by heat localization[J]. Nature Communications, 2014(5).
[41] Guler U, Shalaev V M, Boltasseva A. Nanoparticle plasmonics: Going practical with transition metal nitrides[J]. Materials Today, 2015 (18): 227-237.
[42] Hallenbeck P C, Abo-Hashesh M, Ghosh D. Strategies for improving biological hydrogen production[J]. Bio-resource Technology, 2012, 110(4): 1-9.
[43] Ho K M, Chan C T, Soukoulis C M. Existence of a photonic gap in periodic dielectric structures[J]. Physical Review Letters, 1990, 65: 3152-3155.
[44] Hou J, Li M, Song Y. Patterned colloidal photonic crystals[J]. Angewandte Chemie International Edition, 2018(57): 2544-2553.
[45] Isaacson A, Swioklo S, Connon C J. 3D bioprinting of a corneal stroma equivalent[J]. Experimental eye research, 2018, 173: 188-193.
[46] Jirsova K, Jones G L. Amniotic membrane in ophthalmology: Properties, preparation, storage and indications for grafting[J]. Cell and Tissue Banking, 2017, 18(2): 193-204.
[47] Joannopoulos J D, Johnson S G, Winn J N, et al. Photonic crystals molding: The flow of light[M]. Princeton: Princeton University Press, 1995.
[48] John S. Strong localization of photons in certain disordered dielectric superlattices[J]. Physical Review Letters, 1987, 58: 2486-2489.
[49] Kagan D, Laocharoensuk R, Zimmerman M, et al. Rapid delivery of drug carriers propelled and navigated by catalytic nanoshuttles[J].

Small, 2010, 6(23): 2741-2747.
[50] Kaiser L R. The future of multihospital systems[J]. Topics in Health Care Financing, 1992, 18(4): 32-45.
[51] Kim J C, Tseng S C. The effects on inhibition of corneal neovascularization after human amniotic membrane transplantation in severely damaged rabbit corneas[J]. Korean Journal of Ophthalmology, 1995, 9(1): 32-46.
[52] Langer R. Perspectives and challenges in tissue engineering and regenerative medicine[J]. Advanced Materials, 2009, 21(32-33): 3235-3236.
[53] Lewis R V. Spider silk: Ancient ideas for new biomaterials[J]. Chemical Reviews. 2006, 106: 3762-3774.
[54] Li T, Chang X, Wu Z, et al. Autonomous collision-free navigation of microvehicles in complex and dynamically changing environments [J]. ACS Nano, 2017, 11(9): 9268-9275.
[55] Li M, Song Y. Polymer photonic crystals[J]. Encyclopedia of Polymer Science and Technology, 2014(1): 1-46.
[56] Li X, Wang L, Fan Y, et al. Nanostructured scaffolds for bone tissue engineering[J]. Journal of Biomedical Materials Research Part A, 2013, 101(8): 2424-2435.
[57] Li Y J, Gao T T, Yang Z, et al. 3D-printed, all-in-one evaporator for high-efficiency solar steam generation under 1 sun illumination[J]. Advanced Materials, 2017, 29 (26): 1700981.
[58] Liu J, Sheng L, He Z Z. Liquid metal soft machines: Principles and applications[M]. Singapore: Springer, 2018.
[59] Liu J, Yi L. Liquid metal biomaterials: Principles and applications [M]. Singapore: Springer, 2018.
[60] Liu Y, Yu S, Feng R, et al. A bioinspired, reusable, paper-based system for high-performance large-scale evaporation[J]. Advanced Materials, 2015, 27(17): 2768-2774.
[61] Lou J, Liu Y, Wang Z, et al. Bioinspired multifunctional paper-based rGO composites for solar-driven clean water generation[J]. ACS Applied Materials Interfaces, 2016, 8(23): 14628-14636.
[62] Mason C, Dunnill P. A brief definition of regenerative medicine [J]. 2008, 3(1):1-5.
[63] Mekhilef S, Saidur R, Safari A. A review on solar energy use in industries[J]. Renewable and Sustainable Energy Reviews, 2011, 15 (4): 1777-1790.

[64] Mironov V, Visconti R P, Markwald R R. What is regenerative medicine? Emergence of applied stem cell and developmental biology [J]. Expert Opinion on Biological Therapy, 2004, 4(6): 773-781.

[65] Ni G, Zandavi S H, Javid S M, et al. A salt-rejecting floating solar still for low-cost desalination[J]. Energy & Environmental Science, 2018, 11(6): 1510-1519.

[66] Noda S, Tomoda K, Yamamoto N, Chutinan A. Full three-dimensional photonic bandgap crystals at near-infrared wavelengths[J]. Science, 2000, 289: 604-606.

[67] Özbay E, Michel E, Tuttle G, et al. Micromachined millimeter-wave photonic band-gap crystals[J]. Applied Physics Letters, 1994(64): 2059-2061.

[68] Paxton W F, Kistler K C, Olmeda C C, et al. Catalytic nanomotors: Autonomous movement of striped nanorods[J]. Journal of the American Chemical Society, 2004, 126(41):13424-13431.

[69] Peng F, Tu Y, Wilson D A. Micro/nanomotors towards in vivo application: cell, tissue and biofluid[J]. Chemical Society Reviews, 2017, 46: 5289-5310

[70] Phillips K R, England G T, Sunny S, et al. A colloidoscope of colloid-based porous materials and their uses[J]. Chemical Society Reviews, 2016, 45: 281-322.

[71] Rabindranathan S, Devipriya S, Yesodharan S. Photocatalytic degradation of phosphamidon on semiconductor oxides[J]. Journal of Hazardous Materials, 2003, 102: 217-229.

[72] Regulagadda P, Dincer I, Naterer G F. Exergy analysis of a thermal power plant with measured boiler and turbine losses[J]. Applied Thermal Engineering, 2010, 30(8): 970-976.

[73] Schiermeier Q, Tollefson J, Scully T, et al. Energy alternatives: electricity without carbon[J]. Nature News, 2008, 454 (7206): 816-823.

[74] Seo K D, Doh J, Kim D S. One-step microfluidic synthesis of janus microhydrogels with anisotropic thermo-responsive behavior and organophilic / hydrophilic loading capability[J]. Langmuir, 2013, 29 (49): 15137-15141.

[75] Serpone N, Borgarello E, Pelizzetti E. Photocatalysis and environment, trends and application[M]. Dordrecht: Kluwer Academic Publishers, 1988: 527-565.

[76] Shiju N R, Guliants V V. Recent developments in catalysis using nanostructured materials[J]. Applied Catalysis A: General, 2009, 356

(1): 1-17.

[77] Smil V. General energetics: Energy in the biosphere and civilization [M]. New York: John Wiley & Sons, 1991.

[78] Snchez S, Soler L, Katuri A J. Chemically powered micro- and nanomotors [J]. Angewandte Chemie International Edition, 2015, 54(5): 1414-1444.

[79] Solovev A A, Mei Y, Urena E B, et al. Catalytic microtubular jet engines self-propelled by accumulated gas bubbles [J]. Small, 2009, 5 (14): 1688-1692.

[80] Takagi D, Braunschweig A B, Zhang J, et al. Dispersion of self-propelled rods undergoing fluctuation-driven flips [J]. Physical Review Letters, 2013, 110(3): 038301.

[81] Thirugnanasambandam M, Iniyan S, Goic R. A review of solar thermal technologies [J]. Renewable and Sustainable Energy Reviews, 2010, 14 (1): 312-322.

[82] Turner J A. A realizable renewable energy future [J]. Science, 1999, 285 (5428): 687.

[83] Ursua A, Gandia L M, Sanchis P. Hydrogen production from water electrolysis: current status and future trends [J]. Proceedings of the IEEE, 2012, 100(2): 410-426.

[84] Velev O D, Jede T A, Lobo R F, Lenhoff A M. Porous silica via colloidal crystallization [J]. Nature, 1997, 389: 447-448.

[85] Walsh M J. Aberration corrected in-situ electron microscopy of nanoparticle catalyst [D]. York:University of York, 2012: 170-171.

[86] Wang J, et al. High-performance photo thermal conversion of narrow bandgap Ti_2O_3 nanoparticles [J]. Advanced Materials. 2016, 29: 1603730.

[87] Wang X Y, Liu Y M, Feng R, et al. Solar-driven high-temperature steam generation at ambient pressure [J]. Progress in Natural Science: Materials International, 2019, 29(1): 10-15.

[88] Wu C, Fan W, Zhu Y, et al. Multifunctional magnetic mesoporous bioactive glass scaffolds with a hierarchical pore structure [J]. Acta Biomaterialia, 2011, 7(10): 3563-3572.

[89] Yablonovitch E, Gmitter T J, Leung K M. Photonic band structure: The face-centered-cubic case employing nonspherical atoms [J]. Physical Review Letters, 1991(67): 2295-2298.

[90] Yablonovitch E. Inhibited spontaneous emission in solid-state physics and electronics [J]. Physical Review Letters, 1987(58): 2059-

2062.

[91] Yang J, Zhang C, Wang X D, et al. Development of micro- and nano-robotics: A review[J]. Science China Technological Sciences, 2018, 62(1): 1-20.

[92] Yang P, Liu K, Chen Q, et al. Solar-driven simultaneous steam production and electricity generation from salinity[J]. Energy & Environmental Science, 2017, 10(9): 1923-1927.

[93] Zhang Y, Zhao D, Yu F, et al. Floating rGO-based black membranes for solar driven sterilization[J]. Nanoscale, 2017, 9(48): 19384-19389.

[94] Zhao Y, Xie Z, Gu H, et al. Bio-inspired variable structural color materials[J]. Chemical Society Reviews. 2012, 41: 3297-3317.

[95] Zhu H, Saraf W, Jorg G W, et al. Hydrogel micromotors with catalyst-containing liquid core and shell[J]. Journal of Physics: Condensed Matter, 2019, 31(21): 214004.

[96] Zi J, Yu X, Li Y, et al. Coloration strategies in peacock feathers[J]. Proceedings of the National Academy of Sciences of the United States of America, 2003, 100: 12576-12578.

后 记

“新材料科普丛书”是中国材料研究学会组织新材料领域部分一线科学家编撰的系列科普著作，致力于打造材料界科学普及的品牌，营造科学普及和文化传播的科学氛围，提升前沿新材料科学研究水平、产业发展实力和社会影响力。

《走近前沿新材料(1)》作为“新材料科普丛书”之一，得到了材料界同仁们的大力支持，众多热心新材料研究开发的专家学者对本书的撰写提出了积极的建议。书中每篇文章的作者认真撰写，反复修改，希望打造精品；担任后期编辑工作的中国材料研究学会秘书处工作人员做了大量艰苦入微的工作，在此一并表示感谢。

本书封面图片为典型的光学超材料，图片来自清华大学材料科学与工程学院周济课题组文章(Wen Y, Zhou J. Artificial generation of high harmonics via nonrelativistic thomson scattering in metamaterial[J]. Research, 2019, 8959285)，特此致谢！

本书部分图片摘引自网络、国内外图书和相关学术文献，因时间仓促无法与版权所有者一一取得联系。若有侵权，请版权所有者与本套图书编者之一、中国材料研究学会于相龙博士(邮箱:xianglong-yu@163.com)联系，协商解决版权问题。

编 者

2019年6月